客觀思考的效率

強大領導者如何看見事物本質，
減少內隱偏見與過度反應？

THE OBJECTIVE LEADER

HOW TO LEVERAGE THE POWER OF SEEING THINGS AS THEY ARE

伊麗莎白・桑頓 Elizabeth R. Thornton 著　簡美娟 譯

獻給最棒的家人：爸、媽、蕾絲莉、休和威佛（*Weaver*）

致摯愛的朋友：感謝蘇珊、凱拉許、泰瑞和雪倫一路以來的支持

最深的謝意獻給我的老師、最可靠的顧問和最堅定的支持者：

感謝薩拉斯瓦蒂（*Swami Dayananda Sarasvati*）啟發我客觀學習、授藝與生活

客觀思考的效率

THE OBJECTIVE LEADER

引言

客觀性指的是認識和接受事物的本質，不將自己的心智模式投射其中；客觀性代表周全、謹慎和有效地對應生活中的人、情況和局勢。同時也是我們判斷情勢、採取決策和行動時，質疑潛藏假設的能力。

你曾針對某種狀況反應過度嗎？認定別人是針對自己，但其實根本沒那回事？抑或是錯誤解讀來信對方的語氣？沒錯，我們都有過類似經驗。我們憑主觀去反應所有經歷事物。我們的障礙在於透過感官去認知人、狀況或事件——並且在一瞬間投射個人的心智模式（也就是我們觀看世界的視窗鏡頭）而這種認知經常造成錯誤，也就是做出不當的詮釋、判斷和反應。

這是思想的本質，是凡人皆有的天性。我們不斷在評估自己身處的環境，如果我們對自己夠誠實，就必須承認我們往往都搞錯了。我們就是無法看見事物的本質。這種主觀影響人類生活的各個層面，尤其對經營事業非常不利。

當今社會對於領導者的要求比起過去嚴格許多。不僅有龐大資料需要分析，加上市場形勢的變化既複雜又難以捉摸，商業領導人應該要迅速做出更好的決策，並且在緊縮的時間表內履行決策。因此，在執行壓力增加之際，主管傾向參考自己過去的經驗與其潛藏假設，但這麼一來，他們不僅難以看見事物的本質，也無法以公正或客觀的態度因應任何動蕩變化。所以錯過了截止日期、新興市場機會投入資金不足、誤判和誇大了與供應商的關係、商業模式無法適用於多變的市場條件、策略聯盟化為泡影、顧客流失、內部關係緊張、名譽受損、失去升遷機會、健康和福利受到損害。

當今的效率領導比較不談專業知識。A和A+領導人的關鍵差異，取決於**重要時刻減少認知錯誤、增加客觀性的能力**。客觀性指的是認識和接受事物的本質，不將自己的心智模式投射其中；客觀性代表周全、謹慎和有效地對應生活中的人、情況和局勢。同時也是我們判斷情勢、採取決策和行動時，質疑潛藏假設的能力。客觀是瞭解別人的觀點並吸收各種不同看法，以求解決問題和做出決定的能力。

我在《客觀思考的效率》這本書將分享得來不易的知識，希望藉此幫你成為一名偉大的領導者。這本書尤其能幫助你盡量避免遇到情況時反應過度、凡事認為針對自己、直接下結論和無理評判他人的傾向。你可以因此更清楚地評估狀況、做出更恰當的決定、更有方法地執行、發展更有意義的關係和更有效率的合作。本書能夠幫你分辨什麼是可行的想法、什麼僅是憑空想像。《客觀思考的效率》將協助你辨識阻礙前進的無用或無效的心智模式，創造讓人事半功倍的成功模式。

我最希望的是本書能幫你**重新建構看待自己的方式**。利用本書增強你的自我概念之後，你會更少依賴外在認可，更理智地接受和欣賞自己獨特的天賦與才華。我希望在本書最後你能接受一個事實，那就是你的力量來自做真實的自我。你會明白做真實的自己才是創造人生新契機和可能性的最好辦法。

在本書第一部：「**看見事物本質的警世故事**」，我用第一章描述一場我如何因為缺乏客觀而損失了百萬美元的故事。這故事雖真實，但為了顧及相關人物的隱私，我採用假名形式。這次經驗——對我而言十分慘痛的經驗——突顯了主觀的危險和客觀的必要性。在說故事的過程中，你會看到我穿插了「現實檢驗」的提示方塊，藉此凸顯值得思考的重要問題。除了利用受隱私保護的其他真實例子和趣聞軼事，之後我會回頭檢視這些「現實檢驗」，回答其中的問題並分享我或許可以更客觀反應的方式。我也強調那些串插文中的「經驗教訓」單元，藉我當時的經驗闡明出關鍵要點。

在第二部：「**別為自己的想法抓狂**」，我的目的是讓你理解與接受人類傾向主觀的天性。其中第二章會給予「主觀」和「客觀」的重要界定，確定我們生來皆很主觀。我提出幾個主觀的極端例子，說明我們多麼容易馬上反應過度和採取事後後悔的回應方式。這些例子有助於釐清和提供情境，讓我們學習如何更加客觀。

但重點是，你要明白不是只有你一個人如此。在第二章我也分享研究的成果顯示，我們經常會反應過度、認為別人針對自己，以及立即無理地批判他人。我們在此預期讀完本書後能夠達到的目標。你會清楚地瞭解加強客觀性的意義和如何實現的辦法。

首先，我們要理解的是我們如何理解這個世界。在第三章，我們探索主客觀之間的關係，以及意念和大腦如何合作無間成為一個完整系統，幫助你探索自己的環境。以神經科學的角度，你會瞭解我們天生皆主觀、自然而然如此做的原因。我們也會探討人類主觀天性的成因：心智模式、想法、恐懼和直覺，這些都會影響我們對環境的對應方式。更重要的是你會瞭解，我們都有能力變得更客觀，因為我們的大腦具有神經可塑性——利用新資訊改變的能力。

一旦你能輕鬆處理在認知錯誤當下的大腦變化，並且擁有改變大腦的能力，我們在第三部分「**客觀領導的架構**」立即專注於實踐。其中第四章討論的是加強客觀性的架構，包括客觀決策過程。第五章論及在壓力當下要保持客觀，需要阻止我們既定思路的自動反應，更有意識地對應事情。第六章我們探討辨識和轉換具有侷限性、無用的心智模式；對於重新連結個人的神經網路和重構自己的世界特別有益。

最後為了整合所有觀點，我們會深入分析看見事物本質的力量。在第四部：「**客觀的領導者**」中，我們要檢驗客觀是否是有效領導的核心能力。其中第七章我們會強調看見事物本質是為了管理多元化的團體和創造包容性的環境。你會瞭解無意識的偏見如何形成，而且可能會如何妨礙領導者保持客觀的能力。我們會逐步說明客觀的領導人如何杜絕自己的偏見，進而能夠公平對待他人、吸收各種不同的觀點，達到解決問題和決策的目的。在第八章，我們評估個人心智模式的有效性，以期達到你想要的領導結果。我們會特別檢視你的心智模式是否有助於激發團隊合作動力。本章提出一名資深管理人的真實案例研究，她發現自己對於團隊效率的心智模式和旗下團隊的預期有所不同。本章會帶你從頭瞭解她理解團隊成員心智模式的過程，以及如何領導團隊建立更有效的溝通和合作模式。同時，本章也要探討損害團隊效率和整體生產力的組織心智模式問題。另外還會描述一個真實情況，一名資深領導人如何引導團隊發展和支持新的心智模式，進而加強團隊成員彼此的溝通，達到改善病患照護的目的。最後，根據前微軟執行長鮑爾默（Steve Ballmer）聲稱的領導改革挑戰，我們以管理大規模改革措施的客觀領導架構作為結尾。

第五部：「**客觀的創業家**」專門針對有抱負的創業家和未來可能想當老闆的人所寫。第九章幫助你客觀評估能否將創業納入職業生涯規劃。以我個人經驗所獲得的重要啟示而言，客觀和熱情必須達到平衡。人有可能既保有熱情又秉持客觀立場嗎？你如何善用看見事物本質的力量，創造和延續成功的冒險事業呢？本章旨在讓你擁有創業過程的最新思考，以及成功創業家實際的思考和行動方法。本章首先承認——並且破除——有關創業家的常見迷思。其中有許多重要研究，提供創業過程中改變受限或無用心智模式的相關知識。接著我們會回顧在第六章確認過的五種常見心智模式，討論這些沒有效益的心智模式可能對創業家造成的傷害。瞭解了創業過程和成功創業家的心智模式以後，第十章的目標隨即提供你創造永續冒險事業的工具。本章介紹一個全新的架構：「客觀創業家的商業模式圖」，帶你看過商業模式的重要組成要件，提供訣竅和全新思考方向，確保你能夠以更客觀的態度投入創業過程。本書以第十一章的後記作為總結。

本書要達到最佳使用狀態──增加有效性和改變人生──需要保持開放的心胸態和經常自我反省。閱讀此書時，我希望你能問自己這些問題：我可以用自身經驗證實其陳述嗎？我可以用本身的既有知識、直接的經驗或觀察，理解其中的內容嗎？這些問題要等到獲得知識和瞭解實際發生改變後才能提出。

經過一番徹底的自我反省以後，儘管過程非常痛苦，但百萬美元的損失最終成為我人生最美好的經歷。經歷如此讓人迷失的事件，我學到更加持平看待自己、生活中所遇到的人、情況和事件。我比以前更快樂、更有效率。

故事是這樣開始的……

第一部

THE OBJECTIVE LEADER

「看見事物本質」的警世故事

1

缺乏客觀的百萬代價

「美國運通什麼時候開始雇用黑人了？我不和黑人做生意。」然後我被警衛請出那棟大樓。

想當年我可是「美國運通（American Express）小姐！」

那時，工作就是我定義自己的全部。我敢說自己做得有聲有色。一九八六年；我二十八歲，是美國運通的業務總監，管理十五億美元的收益、八個州和六名直屬部屬。美國運通還派我參加紐約大學史騰商學院的高階主管MBA課程。我賺的錢多到不知道怎麼花。我有公司車，一間可以俯瞰紐約曼哈頓的私人公寓，甚至還有私人採購專門幫我打理成功的形象。

後來我離開了美國運通，自信、年輕、可愛而天真的我搬到華盛頓特區，離我家人很近的地方。頂著MBA頭銜，加上成功的過往經歷，我有信心在新的都會順利發展事業。但幾個月過去，我還沒找到工作。當時華盛頓特區的失業率是百分之十一，當然我認為自己會是個例外。我決定成立一家業務和行銷顧問公司，取名為貝辛騰企業（Bethington Enterprises）。我很肯定能很快能成功招攬客戶。畢竟經過美國運通多年的訓練，我很擅長銷售和關係管理。

現實檢驗　我這樣客觀嗎？正面思考、樂觀和客觀之間是否有所平衡？

然而，客戶沒有出現。所以我決定採取主動。當時的頭條爭相報導剛選上美國總統的前阿肯色州州長柯林頓。我打算到總統就職委員會總部看看有什麼機會。我進門以後問，「你好，我是桑頓。本人擁有MBA學位，希望有機會提供專業的協助。」一名持槍、身形魁梧的特勤人員說，「請到那邊坐著和其他志工一起等，應該很快有人會過來……不管怎樣，不可以超過那邊的玻璃門。」

我坐下來和其他人打招呼，可是眼睛直盯著玻璃門。我媽每次都說，只要我下定決心一定可以達成任何事。她從不讓我的兄弟姊妹、我或任何她遇到的年輕人逃避我們想要做的事。所以，趁那個拿槍的彪形大漢沒在看這邊的時候，我急忙衝進那扇禁忌的門。我表現得好像原本就屬於這裡的人，和旁邊的人打著招呼。那天最後我走進另一側玻璃門，門上寫著「總統就職委員會（PIC）執行辦公室，共同主席哈利．湯瑪森（Harry Thomason）和羅恩．布朗（Ron Brown）。」當時我還不知道湯瑪森是好萊塢製片，導演和製作膾炙人口的影集《風流記者》（Designing Women）和《夜晚的陰影》（Evening Shade）。而即將擔任美國商務部長的布朗，在一九九六年一場克羅埃西亞的空難中，和其他三十四名乘客一起喪生。

我跟一位名叫「波比」的女士自我介紹，她似乎和哈利一起做事，我問她是否需要任何協助。她帶我進去她的辦公室，找到事情給我做。我不記得做了什麼事，但波比和我一拍即合。她幫我引見哈利，一週內我變成柯林頓總統一九九三年就職典禮的共同主席特助。我想大顯身手，所以利用簡單的Excel試算表設計了一套關鍵路徑系統，管理所有的三十多項就職活動。這套系統後來在電視節目《四十八小時》的訪談中討論過。

最後為了柯林頓的就任一百天，我在白宮從事類似志工的工作。我還因此婉拒在白宮西翼辦公樓幫荷爾曼（Alexis Herman，後來曾任美國勞工部長）做事的機會——那是公共聯絡辦公室主任助理的職位。你可能想問為什麼？因為那份工作薪水只有我在美國運通的三分之一，而我要做的事大部分是行政工作。（天知道我在想什麼！）

新聞頭條

我還是無法確定拒絕白宮的工作是否正確，不過我開始在一家資訊科技公司擔任行銷顧問，一邊尋找著下一件頭條新聞。從小我就渴望幫助別人和對世界有所貢獻。在公司環境工作，我覺得自己和這部分的自我斷了線。後來我會注意到曼德拉（Nelson Mandela）的新聞標題，或許是很自然的事。

一九九三年九月，我看了一則CBS電視的新聞片段，標題為「廢除種族隔離政策」

（End of Apartheid）。他們宣布美國、加拿大和其他國家解除多數針對南非的原有制裁，歡迎南非回歸國際社會。這部分進展早在三年前開始，當時戴克拉克總統宣布釋放曼德拉，由此象徵種族隔離政策開始逐漸廢除。種族隔離由南非白人建立，他們屬於荷蘭移民族群，目前代表南非將近百分之七至十一的人口。雖然南非白人是全國的少數族群，但南非白人組成的國民黨在一九四八年取得執政權，立法限制其他族群參政的能力。不同種族被嚴厲區隔。白人擁有最好的房宅、教育、就業、交通和醫療。黑人卻不能投票，沒有政府代表。在一九九二年，一次僅限白人參與的公投中通過了改革流程，在一九九四年四月二十七日，南非即將舉辦第一次的民主選舉，所有種族都能參與投票，全國統一政府成立，由曼德拉擔任總統，戴克拉克和姆貝基（Thabo Mbeki）擔任副總統。

當時南非是全世界的焦點。美國企業也考慮往那邊擴展事業版圖，南非有些公司亦在研究自一九六四年以來首次進入北美市場的可能性。身為非裔美國女性，這件事帶給我極大的鼓舞，我相信其他人也是如此。接下來發生的事真的很振奮人心。

現實檢驗　搜索新聞標題是創業過程中確認和評估機會的客觀方法嗎？

一九九三年末，我哥哥加入前進南非探索產品機會的數百名商人之列。他任職的公司剛把他和家人由芝加哥轉調至約翰尼斯堡。他一向很注重健康，很少喝汽水，喜歡喝果汁。他開始喝一種南非果汁，覺得味道很好。出於企業家本能，他找到那家公司，安排和該公司的國際市場部主任會面。他的名字是「彼得」。

在會議中，他跟彼得說，「既然現在已經解除制裁，你的果汁可能在北美大有商機。我有個妹妹在美國經營一家市場顧問公司。你可以試試她的實力。」彼得同意了。看樣子找小公司「試水溫」是該公司取得新市場的程序。他們在其他六十四個國家如法炮製，這次也計畫在美國市場執行。很快地他們會將產品運至波士頓的小公司測試新英格蘭市場，以及運至亞特蘭大的公司測試芝加哥和亞特蘭大的市場。他們會運送產品給我，讓我測試華盛頓特區、馬里蘭、維吉尼亞和賓州的市場。

我的兄長打電話通知我南非果汁飲料公司（SAFJC）剛寄了二百四十磅的果汁給我。我無法想像其容量，「我的車子裝得下二百四十磅的果汁嗎？」我問他。

他說，「不，可能沒辦法。」

不久，巴爾的摩航空站通知我有一批果汁到了。我租了一輛小貨車開去機場取貨。結果狀況實在令人作噁。送達的果汁採用無菌容器包裝（類似現在許多牛奶產品的包裝方式），有幾個盒子在運輸時被擠破，因此周圍爬滿蟲子和蒼蠅。更讓人有點不安的是，我看不懂包裝上的標示。那是南非白人語言，在種族隔離時期南非的官方語言。其中唯一的英文字是「南非產品。」

真謝謝你了，哥，我在心裡對自己說，一邊思考著怎麼把二百四十磅缺損的果汁裝進我租來的貨車裡。

回到家以後，我把壞掉的果汁丟掉，未損毀的放進冰箱。隔天，我坐下來品嚐一款桃子汁。哇！**真的**太好喝了。我又倒了一杯。心情非常興奮。我看向窗外，今天的天氣真晴朗，這種日子讓你覺得凡事充滿希望。我的心中盤旋著以下想法：**沒想到有這麼棒的產品。美國找不到這種東西。我哥說得對極了。**接著突然間，我浮現類似頓悟的想法。我真的大聲對自己說，「我要用這款果汁做出大事。我要爭取到全美國市場的經銷權，將我稅前所得的百分之十回饋給南非，幫助曼德拉改造國家。」

在此當下，陽光閃閃發亮，懷抱類似清澈和洞察的感受，我決定發願成立機構，協助振興剛脫離種族隔離箝制的黑人教育和自主能力。近五十年以來，種族隔離政府區隔了黑人的生活範圍、教育、醫療、海灘和其他公共設施，提供他們低於白人的服務。我終於有機會幫助他人，對世界真正造成影響。我要協助解救南非。我對自己說，「如果我真的能和曼德拉會面怎麼辦？那該有多好啊！」我不再是「美國運通女士」，我立即變成「果汁夫人。」有了這個新頭銜，許久以來頭一遭我在早上興奮地起床。我樂不可支，和小時候知道自己能幫助別人，或在發現自己幫到別人以後是同樣的感覺。我現在有了新目標，一個存在的新理由！

現實檢驗 **你在此看到一種模式了嗎？如果你主要以自己的工作或扮演的角色定義自我，你還可能保持客觀嗎？**

果汁夫人

美國食品藥品管理局（FDA）剛通過《一九九〇年營養標示及教育法案》，規定所有產品必須在標籤上說明營養成分。我決定產品若非通過獨立實驗室的品質和營養成分測試，絕不使用。我擔心這款果汁雖然已在六十四個國家銷售，可能還是無法達到美國的標準。不知道南非有沒有FDA這樣的機構？我要如何確保產品安全無虞？我應用白宮建立的人脈，讓他們幫我引見的高階主管辛普森博士，請他擔任我的顧問。

辛普森博士推薦一間我馬里蘭的獨立實驗室，同時也幫我介紹美國海關人員，讓他們協助我瞭解美國進口果汁的規定，尤其是巴爾的摩港口的規定。

我的同事也促成我會見南非在美國的最高階級外交官（在後文我直接叫他「外交官」），這是該職位的第一位黑人官員。我跟外交官談及和南非果汁飲料公司的關係，以及對南非提供百分之十稅前收入的承諾。他大表讚賞並覺得這可以成為其他公司在南非經營事業的楷模。他說等事情開始進行，他會幫我在南非建立慈善信託公司，進而成立訓練和振興機構。

兩個月後，我的辛貝騰公司向果汁公司提議擔任美國經銷顧問。我的目標是增加該公司必要和珍貴的價值，最後成為公司的首選經銷商。我們的提案被接受了，在一九九四年四月，我飛抵南非和國際市場部主任彼得碰面。他安排我住進開普敦一間美麗的飯店，也帶我四處遊覽。我們開車至好望角，參觀印度洋與大西洋交會的知名觀光景點。我們發現彼此很容易溝通，在開車途中彼得跟我說他經常旅行，負責六十四個國家的果汁行銷業務。他表示很高興在這麼多年後終於能夠進入美國市場。他答應盡其所能幫我準備銷售美國的產品。

稍後就在飯店喝杯茶的光景，彼得簽下了顧問合約並保證預付百分之五十的合約金。

這是個讓人振奮的時刻。他離開之前還特別去找櫃臺服務，幫我安排隔天至機場的交通。我記得回程中我還念念不忘他的友善和熱情款待。這對我來說是個好兆頭，象徵一種可能的良好關係。

我回到美國；南非果汁飲料公司的合約金匯進了我的戶頭，我立即開始著手進行確認和遵守FDA對於果汁的所有相關規定。這是艱鉅的任務。我和推薦的實驗室簽約，執行寄生蟲測試和微生物與真偽鑑定，並且測試所有二十四種產品口味的維生素和礦物質成分。這個過程花了約九個月的時間。於此期間，我針對飲料行業進行大規模分析，確認市場是否有機可乘；產業實力是否有利；如果是，找出關鍵成功因素；最後，確認產品是否以及如何持續保持競爭優勢。

結果我發現，顯然這是需要投入大量資金的殘酷事業，而且要如何維持和確保超市的展架空間是最大的挑戰。不過另一方面，各種不同獨特口味（不只是柳橙、葡萄和蘋果口味）的果汁證實是百分百純天然產品，完全符合逐漸興起的注重養生消費市場的強大需求。飲料工業的果汁部分明顯有個斷層，這是我的絕佳機會。（何況我還要拯救南非呢！）

一九九五年年一月初，實驗室結果出來了。我打電話給FDA的辛普森博士，請他檢查所有文件。他看過所有資料、實驗室結果和所有生產線的營養標示後，口頭認可我達到所有經銷美國的標準。我立即傳了一份標籤副本給南非公司。

我不得不承認當時我很得意。過去我對果汁行業一無所知，現在我知道維生素耗散率和二百五十毫克的果汁可容許的殺蟲劑濃度。我一夕之間變成專家——名副其實的果汁夫人，這頭銜真好。

現實檢驗 **如果你對所做的事很自豪，你還可以對所做的事保持客觀嗎？**

概念驗證

在九個月的FDA合規過程中，我和彼得展開了密切的關係。他即將來美國參加紐約賈維茨中心（Javits Center）的一場美食展，所以我們安排他和三位美國經銷商在紐約碰面。會議中我交給彼得一份完整的資料夾——上面還繫了紅色蝴蝶結加強效果——內含測試結果紙本，加上二十四種產品的各個營養標示。他表示感謝並認可如果不是辛貝騰公司的努力，南非果汁飲料公司無法取得這全球最讓人嚮往的市場。我得意極了。我的策略——和我所有的努力——確實在發揮作用。

一九九五年七月，產品抵達巴爾的摩港。這是南非果汁飲料公司第一次正式入境美國的一刻。其他兩位美國代理商也在當月收到產品。遊戲正式開始。我當時的理解是南非公司計畫慢慢滲透美國市場。他們會在第一年監督三名首次代理商的進展，然後再根據銷售業績授予其他州的經銷權。

我不確定其他代理商的動機為何。但我的目的是把握和彼得、外交官和其家人的關係，將自己定位成領導者。誠如母親對我一路成長以來的教誨，「最糟的結果是不成功，但如果你沒盡力而為，就絕不可能成功。」我決心要放手一搏。

我加緊腳步。將家裡改裝成辦公室，利用行銷顧問工作的薪水，迅速打造我的基礎設施。雖然以前我沒有飲料工業相關的知識和經驗，但意外地我得到許多人的幫助。我計畫將果汁推廣至高檔天然食品超市，例如亞特蘭大中部地區的健全食品超市（Whole Foods）。我知道如果擁有養生概念顧客的高檔商店願意銷售南非果汁，我就能進一步吸引飲料代理商，取得批發商和超市經銷商，完成主流銷售。

我聯絡健全食品的飲料採購「麥克」，並和他約時間碰面。麥克很喜歡這款果汁，表示願意推推看。他允許我某個星期六在他那一區的八家商店進行店內體驗或產品嚐活動，如果產品推得不錯，他會讓產品在所有二十六家超市上架。

這是我孤注一擲的時刻。我必須建立概念驗證。證明顧客會買產品。我要怎麼做可以確定產品在八家商店完售呢？這個問題我想了好幾天，最後終於想出一個辦法。我不打算雇用一般普通的工讀生來進行試喝，一九九五年八月的某個星期六，我雇用一群引人注目的俊男美女，他們是紐約的模特兒。這些擁有出眾外表的男女站在八家商店的展示桌後面，手裡拿著果汁樣品鼓勵顧客購買。說實話，我還是不太確定這方法是否奏效，沒想到反應良好。

我們的果汁都賣光了。現在我完成創業的概念驗證。在高檔天然食品超市打下基礎，我現在可以招攬投資者和籌募資金了。

現實檢驗　聘請紐約模特兒進行店內體驗，能客觀地測試顧客對果汁的反應嗎？

後來幾個月，我獲得一家領域內的頂尖代理商聯絡，而且他們還派了三位專家支援我們行銷產品。飲料代理商專門協助進口商和經銷商建立和維持特定市場的經銷。他們變成我們的夥伴，指引我這行業的知識，告訴我需要募集多少資金才能在我負責的四個州成功推出產品。藉由他們的支援，我匯集了一份完整的營運計畫書，包括在華盛頓特區的外交官辦公室舉辦一場正式的美國上市發表會，以及當地電視廣告的宣傳活動。我將計畫書寄給南非公司徵求同意。我堅持在執行計畫之前，必須得到肯定的承諾——為我負責的四個州簽訂五年的經銷合約。我覺得到此我已證明了自己的實力。沒錯，彼得真的同意了我的營運計畫並給我五年的獨家銷售合約。

日期訂於一九九六年一月三十一日，彼得同意飛來華盛頓特區參加活動，我們計畫先去我的律師辦公室簽訂經銷合約書。我很自豪組織了這次正式的美國發表會，我認為這次活動很重要，不僅代表推出外交官所謂「後制裁時期……首次進駐美國的重要南非消費性產品。」同時也要達到募款的目的。

每件事都已就緒。於此當下，我憑著自己的顧問收入取得美國小型企業協會（Small Business Association，簡稱 SBA）的小型企業貸款計畫，募得十萬美元建立冒險事業。但扣除了庫存費用、在天然食品連鎖超市店內的促銷花費，以及在正式發表會上預告的三十秒商業廣告百分之五十的頭期款，我的現金幾乎所剩無幾。

但目前我在二十六家天然食品超市點取得了概念驗證，我的財務策略是邀請高所得個人和其他我所能想到的人到現場來，如此他們也能夠參與創造歷史的過程。因為新的《高爾—姆貝基倡議》（Gore-Mbeki initiative），即眾所皆知的「美國—南非雙邊委員會」的白宮代表也會出席。我的飲料代理商和一家很大的超市經銷商也會到場，他們邀請了來自各大連鎖超市的採購參加。只要我們承諾在當地電視廣告每次播出時出現他們的店名，並且提供店內促銷支援，這些採購可以將果汁帶進七百五十家其他店點。我知道我必須募集五十二萬五千美元支援這些商家、購買存貨和處理接下來六個月的額外開銷。我非常不安，有種似乎擺脫不了的煩躁感，胃都糾結成一團。

現實檢驗　**你有胃部糾結的經驗嗎？你知道那代表什麼嗎？加強客觀性需要意識到這類感受並瞭解其含意。**

成功的發表會

偉大的日子來臨。按照計畫，我和彼得先至律師辦公室簽署經銷合約。我一方面覺得很興奮，一方面又如釋重負。在當時我是唯一擁有簽署經銷合約的代理商。我的策略證明奏效。想當然我是領導者。

我們抵達外交官家參加發表會活動，我糾結的胃逐漸放鬆。我帶彼得至二樓舉行活動的地方。確認完他愉快地喝著紅酒以後，我就先行告退，急著找外交官跟他分享好消息。他在樓上私人宅邸裡。我自信地上樓，公事包裡帶著剛到手的經銷合約。一坐下來，我立即把合約拿出來給他看。

他說，「你真是做了一件大事。我會盡其所能地支援你，不過你還是要小心一點。」我一聽心沉了下來。他是認真的嗎？我問他什麼意思，他說一張紙不見得有什麼保障，因為種族隔離的結果，南非白人持有嚴重的偏見，他們可能是刁鑽的商業夥伴。

我心想或許他在誇大其事。無論發生什麼事，我絕對可以處理得很好。我沒有那麼天真。成長中我面對過針對自己的偏見和困境。四年級的時候，我和雙胞胎姊姊被併入費城郊區的一間小型私立教友派學校。有個同學喊我雙胞胎姊妹「X鬼，」因此造成不少騷動。我們一一克服這些困難。最後在十年級時我選上班長，然後是學生會長。畢業時，我們這對雙胞胎姊妹徹底改造了學校。我們邀請了黑人歌手羅賓森（Smokey Robinson）到畢業典禮演出。顯然大家都熬過來了。

自此我懷抱著一種心智模式，認為只要我能力夠強，就可以克服偏見。我在一九八〇年代早期，任職美國運通期間證實了這個模式有效。那時候我和堪薩斯州威奇塔市的一家銀行行員約時間碰面。看樣子在電話裡他聽不出來我是黑人，所以等我到了以後，那名行員說，「美國運通什麼時候開始雇用黑人了？我不和黑人做生意。」然後我被警衛請出那棟大樓。

我從震驚和受傷的情緒恢復以後，決定絕不告訴我的主管那位行員對我的行徑。我不會要求轉調單位；我絕不把種族歧視當作失敗的藉口。於是我繼續和那名行員聯絡，專心提出企劃案，說明該銀行需要我們產品的理由。由於我的提案太具說服力，最後他同意和我見面討論產品。雖然我每次開會得忍受一些種族歧視的揶揄笑話，總之我做成了他的生意。這是價值一千一百萬美元的客戶，因為這筆業績我升官了，還得以離開堪薩斯州。

此事讓我更加確信只要能夠談成交易——如果我可以增加實質、有數據的價值——我能克服任何偏見。所以南非的事能糟到哪去？我認為可以參考過去成功的做法：讓自己很有價值到對方想要排除萬難與我合作。何況我現在要怎麼抽身？樓下有花旗美邦（Smith Barney）、希爾森萊曼公司（Shearson Lehman）的朋友和同事，還有很多富商大賈。我最親近的友人泰德（Ted）也來了。他是我在喬治城的良師益友，他和我聽聞的許多良師不一樣，他很認真看待這件工作。我大一時他是大二生，兩年來他不斷觀察我、給我建議，是我強大的支援後盾。大學畢業後我們失去聯絡，但我聽說他是一家大型紐約投資銀行的經營合夥人。因為他一向很信任我，我希望他能來參加這次活動、評估狀況和提供意見。更重要的是我希望他能幫我籌到所需資金。除了來自白宮的人，美國國務院和美國商會（US Department of Commerce）的人也來支援，他們希望這是美國南非強化貿易關係的開始。當然還有天然食品連鎖超商的飲料部經理麥克；我的新代理商；潛在經銷商都在樓下啜飲著南非果汁。我的家人也都到齊了，他們一向挺我到底。

下樓前外交官再三向我保證他會全力支持我，我的成就讓他深以為榮。我們一起走下樓，正式宣布美國引進南非果汁。活動圓滿成功。

現實檢驗 **這時候你會怎麼做？我的選擇有（1）害怕事情變得棘手而放棄；（2）退後一步、放緩腳步、多找一些資料並觀察接下來的發展；（3）藉此動力勇往直前。我往前邁進了。我把事情看清楚了嗎？我有保持客觀嗎？**

泰德很欣賞這次產品發佈會和我們建立的人脈，他允諾幫我籌資五十二萬五千美元。在外交官的協助下，泰德安排我和幾位在飲料業經驗豐富的富商會面。計畫是這樣的，如果曾是美國飲料業的某某總裁以個人名義投資貝辛騰企業，那麼泰德和他的十八名同事也會跟進，他們也是著名紐約投資銀行的經營合夥人。這些傑出人士都是官方認可的投資人，代表他們擁有一百萬美元或更多的資產淨值，以及年收入至少二十萬美元。

我在能夠俯瞰波士頓市容的會議室和前美國飲料企業董事長會面。他試過飲料和聽取簡報之後，把手探進外套內層口袋拿出一張十萬美元支票給我。我驚訝到差點從椅子上掉下去。我從沒收過數字後面這麼多零的支票。很榮幸自己得到如此有力人士的信任和支持。更關鍵的是他非常相信泰德。

所有工作都已經就緒，全世界都在幫我。我覺得這一切都在印證那天早上我第一次嘗過果汁以後最初的願景。我要為自己和所有其他好人賺很多錢，同時間我也要幫助處於後種族隔離時期的南非人。和其他幾位合夥人開完會以後，我募集到發展商機所需的五十二萬五千美元。多歸泰德的幫忙，我們可以正式上路了。

醞釀中的問題

經營模式對我而言，相對上比較容易。貝辛騰公司傳真一份書面訂購單給南非公司，他們在十天內以書面方式回傳確認。南非公司要在八週之內提供訂貨，其中包括六週的運輸時間，我們收到的產品至少要有十一個月的保存期限。然後我們再以九十天結算付款給該公司。貝辛騰公司必須在五天內供應美國顧客產品。扣除運費、報關費和倉管費——包含儲藏、挑選包裝和貨運——我們的毛利率是百分之二十七。

事情進展得挺順利。操作流程都已就緒。每天早上，我和會計人員、營運人員、飲料代理商開早餐會報，討論門市產品移動率、現有客戶的新訂單和潛在新客戶的狀態。為了維持我們在大型連鎖超市的地位，我們必須達到每家店每週二點五件的交易。我們必須儘速進行行銷宣傳，讓我們的產品維持上架。我們的重心擺在維持銷售，代理商則投入擴展銷售。一九九六年五月，我們向南非公司提議在二萬六千家商店擴展果汁經銷範圍。於此期間我也持續扮演美國經銷的顧問角色，處理 FDA 或美國海關的相關法規事宜。我和南非的關係很好，我還和彼得飛去辛巴威（Zimbabwe）代表南非飲料果汁公司在會議上發表演說，宣傳美國南非的新貿易關係。

問題出現的第一個徵兆是運輸方面開始變得有點延遲。我們必須花錢投資壓縮包裝技術，重新包裝南非公司不當運輸、包裝和編碼的產品。我們的店家只接受某種形式的包裝產品。我也接受這是經營事業的正常程序，也許事業一開始我們能得到的利潤本來就很少。

我們決定開始實踐當初的諾言，捐出百分之十的利潤給南非。外交官聽到這個消息很高興，他介紹住在開普敦的弟弟給我認識。他弟弟幫我安排和南非的律師見面，訂立成立慈善信託公司的合約，並且介紹了一位房屋仲介，開始找尋適合成立訓練和振興機構的房子。

這期間在彼得的要求下，我和其他二名美國經銷商定期碰面。我們的關係剛開始滿懷真誠和善意，但後來日趨緊繃。最大的爭執原因是產品行銷。貝辛騰公司根據飲料商的建議，利用少數折價和積極的店內體驗，希望把果汁定位為高級產品。但其餘代理商想做更多折價。我們一直無法解決這個問題，所以產品行銷支援根據不同的美國代理商而各有差異。懷著拯救南非的熱情，我必須承認自己不是很能接受別人的意見。

現實檢驗　當你因為太過堅持自己的立場，無法接受別人的觀點，你還能夠保持客觀和合作成效嗎？

突然間，有次會議出現了兩名新的經營者，他們是來自加拿大進口公司的南非白人，儼然一副加拿大獨家代理商的樣子。南非公司的國際市場部主任彼得希望我們所有人一起合作。這些新人非常不贊同我的行銷策略。他們似乎和南非公司有長久的關係和業務往來，還提及我從未聽過的人物。由此我開始懷疑自己的領導地位以及和南非公司的穩固關係。我很高興拿到簽署的經銷合約。但即使如此，這些新的面孔絕對是個警告。他們極可能是外交官暗示的刁鑽生意夥伴。我的胃又開始打結了。

儘管有這些小波動，我們在一九九六年六月已經進駐了七百五十家商店。我們投入三十萬美元的廣告宣傳、推行店內體驗（一般性展示，不找紐約模特兒），然而，另一個可能更大的問題正要醞釀中。

訂貨開始經過四至七個月時間才抵達美國，違反經銷合約上規定的八週時間，因此我們收到的產品只剩下七到八個月的保存期限，而不是我們要的至少十一個月。讓事情變得更棘手的是，貝辛騰需要手邊擁有足夠的庫存以滿足供需，但我們還沒有預測銷售的數據。為了避免庫存不足，我們必須訂購足以維持六個月預期銷售的產品，但是在九十天的付款期限內賣完六個月的庫存根本不可能。損益平衡分析顯示，貝辛騰公司必須每間店每週成交五件才能賣完六個月庫存，並在九十天期限繳納應付帳款。銷售量每週平均二點五件只夠維持店內銷售，不足以應付九十天內付給南非公司的帳款。因此，同年六月，貝辛騰積欠南非公司二十二萬五千美元，手邊沒有任何現金。

我固定和彼得保持聯繫，並向他保證我們會籌到錢，但出貨延誤對我們造成了庫存和現金流通問題。不用說，我所有的心力轉向籌募資金。泰德代表所有投資人拿起電話聯絡彼得，詢問逾期餘額的事，以及南非公司的因應之道。彼得告知泰德，貝辛騰是南非公司業績最好的美國經銷商，佔有百分之七十五的美國銷售量，而且行銷工作做得最好，所以他們不會做任何傷害我們的事。

現實檢驗 **考量南非截至目前的作為，相信他們不會對貝辛騰公司造成任何傷害是客觀合理的嗎？**

一封傳真

根據和彼得討論的結果，泰德在一個月內幫我們籌到七萬五千美元，我們立即付款給南非公司。在此同時，預測到四至七個月的訂單周轉會持續成為問題，我們提供南非公司一個減低風險的辦法。一份針對美國東岸的集中配送計畫。我們找到果醬廠商和無菌包裝廠商，他們可以在當地製造產品。如此貝辛騰公司和其他經銷商也能同樣受惠。七月時，我們也收到書面的正面回應，支持我們擴展至二萬六千家店的提案，以及增加三個州的代理權。

八月時，我們因為南非公司的不當包裝、編碼和運輸產生額外的重新包裝費用。此時商店的銷售情況還是非常好。

九月時，我們的銷售由七百五十家，增加至一千二百家。我們和小型企業協會的相關銀行開始討論舉債籌資事宜，申請七十五萬美元信用額度的貸款。在這個時候，我們只欠南非公司八萬美元，並且會持續訂購更多產品。我們覺得不會有什麼問題。

我們有點自信新的商店和各州能夠增加銷售量，但還是很擔心裝運的情形。我和泰德都會跟外交官報告最新消息。他認為應該寫個信給朋友，即擁有南非果汁飲料公司的金控公司執行主席。信中他說我是非常傑出的非裔美國女性企業家。又說他對我的計畫深以為榮，他會將此計畫寫成南非董事長的範本，說明中大型企業如何在美國與南非共同合作，克服彼此之間更大的社會問題。

我很感激外交官寫了這封信。他以如此華麗的文字形容我，讓我的商務活動聽起來對新南非如此重要，由此我更確定貝辛騰公司會成功。

一九九六年十月二十一日傍晚，我在家下樓至地下室洗衣服。我聽到嗶一聲傳真機的聲音，但顯示沒紙了。我補充了紙卷之後出來一封南非公司的信，信中告知因為沒有付款，我的經銷合約被終止了，而且我的最後一批訂單也不會出貨。

看完信後我整個癱軟。我的公司倒閉了！

你在南非有兩個名聲

隔天一早，想當然我首先給外交官打電話。他很震驚，立即寫張便條傳真給執行主席表達他的憤怒，他說我沒有事先得到警告、南非公司的行為是違法的，而且我在他職權支持下將產品引進美國，南非公司卻立即將經銷合約簽給其他前南非白人。他要求南非公司和我見面解決事情，並表示他的失望之意，沒想到他們的作為「和舊社會沒什麼兩樣。」

外交官建議我搭機前往南非。他先打電話幫我安排和新南非政府的部長碰面。等我聯絡上泰德，告訴他最新進展時，他也很氣南非公司無法履行七月所做的承諾，他們答應絕不傷害貝辛騰公司。泰德不希望我毫無準備地抵達南非，所以在投資人作為擔保人的支持下，我們暫時取得許可，稍後會寫成文件並由賓州一家銀行的董事長簽名核准七十五萬美元的融資，但附帶條件是和供應商南非公司保持明確的穩固關係。

帶著一千二百家店的銷售和經銷記錄，代表百分之七十五的美國市場、付款能力和外交官為我鋪的路，我在十月二十九日星期二坐上飛機——剛好在收到合約終止信的一週後——飛往南非為我的事業奮鬥。我心裡害怕得要命。這時候我知道自己一籌莫展。全程飛行的十九個小時中，我滿腦子出現各種可能情境，沒有一個是好的。

隔天，十月三十日星期三是忙碌的一天。外交官幫我安排了黑人對黑人的會議。我首先和一名南非政府官員碰面，他相當於我們的商務部部長，還有他的部屬。我說明了事件的前因後果和目前情況以後，那名政府官員說，「這事和你欠南非公司的八萬元無關，而是和舊有的做事方式和新黑人南非政府有關。」

我不是很懂他的意思，但我覺得受到支持，因為那名政府官員指派了一名主任出席我和南非公司的會議。他也指示一名特別顧問，協助我和一家南非黑人持有的南非公司建立關係。

下一場聚會和「艾德格」在斯泰倫博斯大學（Stellenbosch University）進行，他是外交官的好友，正好是南非公司的前董事會成員和現任顧問。我們在午餐時間碰面。他的個性溫暖而開放，明顯對此情況很不滿。他說南非公司的作為太可惡。我永遠無法忘記他接下來說的話：「伊麗莎白，你在南非有兩個名聲。一個是幹練的女企業家。另一個是臭婊子。」

我心想，我喜歡專業經營這部分，但臭婊子是怎麼回事？「大家都知道你想成立振興機構，」艾德格接著說，「他們完全無法接受。」

在美國人人都很高興種族隔離制度瓦解了，協助支援南非相對來說似乎是明確和容易的事。既然計畫就要談攏，大家逐漸聽說我的目的，但顯然有些當地的南非人並不領情。

午餐結束後，艾德格表明願意提供協助。他說他會參加我和南非公司的會議。他答應回家聯絡南非公司的董事長，了解實際的狀況。我們握手道別時，他說，「堅持到底。不要放棄。」

同一天，外交官幫我聯絡到南非新政府的高級官員。她叫賈克琳（Jacoline）。她介紹一名南非律師給我。賈克琳說她還會代表政府高層致信給南非公司董事長，表達她的關心和要求他們解釋其行為。

於此同時，家鄉大後方傳出捷報：金融交易的五十萬美元分期貸款部分獲得核准了。那天晚上臨睡前，我精疲力竭又有時差問題。雖然那天找了不少盟軍，我還是非常害怕。

現實檢驗　處於恐懼時，你能夠客觀做出正確判斷嗎？這時候我所害怕的是失去生意、名聲，還是自我概念？

隔天的十月三十一日星期四，我和南非律師會面，他答應當我的代理，陪我出席所有和南非公司的會議。到目前為止還算順利，我心想。我回去旅館找外交官的傳真。那是南非公司董事總經理、彼得的老闆威倫（Willem）寫給他的信副本。他說他了解外交官的顧慮並願意在十一月五日星期二和我會面，「盡力解決問題。」

外交官在這份傳真影本上親手寫下鼓勵的話，他說事情會有轉機，我一定要堅持到底。我來開普敦似乎是對的，我在盡最大的努力。我開始接受目前不這麼絕望的情況，但還是保持非常謹慎的態度。

隔天，我收到來自小型企業協會貸方董事長提供資金的合同意向書傳真影本，也稱為信心保證書。這份文件來得正是時候，因為我和南非公司會面的時間是下週二，十一月五日。在十一月二日，艾德格聯絡我說他和南非公司董事長談過話。他說董事長沒注意到此情況，但了解「情況的政治性意義」，這是他實際的說法。他還說董事長知道我和政府部長見面以後變得很不安，他擔心情況會愈演愈烈，尤其近期又有南非公司和其工會的訴訟戰爭。他問艾德格我是不是「講道理的人。」

這話聽起來好像我佔了優勢，公司因為在處理備受關注的議題無法將我拒於門外。後來那一天我和政府部門推薦的三名黑人商人會面。他們也表示願意和我參加週二的會議。除此，他還警告我不要稱自己為黑人女性。我聽不懂這意思。我無法假裝自己是別人。他們告訴我南非公司在工廠只雇用「有色」人種，所以有些南非白人很難公開宣布他們和黑人女性有生意往來，就算這人是從美國來的。（有色人種指的是混血身份，是種族隔離制度的第二層，比非洲黑人後代的黑人高一等。）

如今我打結的胃轉為劇痛。我從彼得那從未發現我不能稱自己為黑人女性。我一直得到熱情的款待。我的腦子飛快地打轉。他們認為我是個臭婊子。我不能說自己是黑人——那麼我現在該怎麼辦？顯然大家對這個情況持有不同意見。我可能低估了這一切的社會政治因素。我必須把事情看清楚；政府高官介入其中，南非公司的董事會都知道事情的進展。他們至少要對我保持禮節；他們沒有嗎？他們當然有。

現實檢驗　你的腦海可以盡情縈繞許多想法；重點是你的反應。我真正的考量是什麼？在這個時間點我有任何選擇嗎？

我現在所能做的事只有帶著充足準備參加會議。我備齊所有文件。我有訂購單和提單等文件可以證明他們破壞了合約，沒有按照經銷合約的規定準時到貨。

我再打電話給艾德格。他說看來南非公司很樂意解決問題。不過他還是建議我不要讓政府部長派遣的主任或黑人商人和我一起參加會議。我也不該讓賈克琳代表政府高層寄那封信。「為什麼？」我花了這麼多時間組織盟軍，現在看來完全是浪費時間。

艾德格解釋，南非公司是私人企業，不會喜歡外力的介入。他也建議我和他們的對話不要集中在未償付款項，而要強調南非公司對貝辛騰企業的承諾，以及他們無法按照時間提供產品。

在我還在消化這一切時，艾德格明確地告訴我，因為他和董事總經理威倫之間的微妙關係，他根本無法參加這次會議。而且南非公司的董事長也不會參加。我還來不及問更多問題，艾德格就跟我說了再見，他答應星期二會跟我聯絡瞭解開會的結果。

事情顯然有了變化。我覺得失望透頂。前一週我還小心翼翼建立關係，但如今看來我還是得孤軍奮戰，我不知道為什麼。

十一月五日是個重要日子。南非公司一共有四個人代表出席會議：國際市場部主任彼得；董事總經理威倫；南非黑人董事成員湯瑪仕（Thomas）；南非公司律師亞伯拉罕（Abraham）。聽從艾德格的建議，我只有一名美國律師代表，他用遠端連線參與會議，再加上那位我幾乎不認識的新委任南非律師。

會議剛開始有點爭執，但後來漸入佳境。基本原則是南非公司願意和貝辛騰訂立新合約，採用開立信用狀的新付款規定（和目前九十天付款條件不同），他們答應遵守之前合約的規定，在八週內提供產品給我。

我告訴他們拿到費城銀行的信用貸款書，並出示銀行董事長的信心保證書。他們很高興我有能力支付未償付債務。我強調借款取決於和南非公司堅固的合約關係，以及他們表達全力支持我成為美國代理的一封信。雖然南非公司承認了生產問題，但他們似乎從未對我生意上的衝擊負責。以我的觀點來看，基於對重新包裝成本和短期產品的索賠，我沒有欠他們任何錢。

現實檢驗　你的供應商應該因為生產問題影響到經銷商而負起責任嗎？我這樣想客觀嗎？

聽從艾德格的建議，試著為未來著想，我向南非公司提出購買貝辛格股份的可能性，試圖發展合夥關係。湯瑪仕和威倫似乎頗有興趣，我認為這是個好預兆。他們提到南非公司正在考慮美國集中配送事宜。我給威倫看我在一九九六年向彼得提出的集中配送提案影本。他大表讚賞，更讓我驚訝的是，他表示彼得從未給他看過提案。

會議結果是他們同意給我一封信，表明南非公司對貝辛騰的承諾。我們進一步協議事情沒解決前我不會離開南非，也就是合約簽了，信拿了，錢也借了。

會議結束時，我內心充滿希望。雖然他們沒答應我提出的短期產品賠償，但他們同意和我繼續做生意。我要離開那裡時，湯瑪仕說他在斯泰倫博斯有個會議。我問他認不認識艾德格。「當然認識，」他說，「他是我們公司多年的顧問。」

我告訴他他已經知道的事，也就是我上個星期三已經和艾德格見過面。湯瑪仕看著我大笑說，「你人脈可能彼此都有利益衝突。」

我的天啊，我心想，我怎麼會惹上這些麻煩？我的胃又糾結在一塊。希望瞬間化為恐懼。

我們都同意二天後回來解決短期商品的索賠事宜，以及補足新經銷合約的整體細節。離開時，威倫把我拉至一旁說，「伊麗莎白，我們從未想過你會做得這麼好。其他供應商都沒有對這款果汁做出什麼貢獻。」

說實話，我不知道要如何反應。我說，「謝謝，我真心覺得這是好產品，在美國會銷售得很好。」但內心深處我在懷疑。這是讚美嗎？還是我只是他們無法擺脫的麻煩？

為什麼和我簽訂五年經銷合約，同意和我在美國正式推出產品，但不認為我會做得很好？顯然我挑戰了他們持有的心智模式，包括在美國經銷產品和我。

星期四早上我和南非公司進行第二次會議前，我注意到美國助理的傳真，她說接到其他美國經銷商的電話，他們不知道貝辛騰企業是否還在運作。顯然彼得通知美國和加拿大經銷商他們拒絕了貝辛騰企業。我不知道怎麼看待這件事。如果他們有誠意協商，怎麼會拒絕我呢？還是這只是無心的疏忽？

我到南非公司時，內心有點受到打擊，但還是決心保持專業和友善的態度。這一次只有威倫和他們的律師代表出席。我的南非律師和透過電話溝通的美國律師這次同樣代表我一起開會。這次南非代表的態度似乎友善許多，但他們只同意負擔短期產品百分之二十的賠償。我協議他們讓步。然而，我最在乎的還是產品能夠立即抵達美國，以免庫存不足應付顧客所需。但他們說除非收到貨款和開立新訂單的信用狀，否則他們不會出貨。

我同樣用親切的態度表達這些都是單向的協商；南非公司拿到貨款並排除他們涉及信用狀的所有風險。似乎沒有任何條款提及排除我庫存不足以應付顧客訂單的風險，或是維持大量庫存因應生產無效率的費用。

他們回應說正在改善生產問題。他們又認可我們公司的成績，但以他們的觀點來看，彼得冒著失去工作的風險，給我延長九十天付款條件及信用狀付款方式，是我佔了他便宜。

我不懂這種理論邏輯。我也告訴他們那天早上我收到美國傳真，問他們是否有通知其他經銷商排除貝辛騰企業的事。南非公司的律師聽到這個消息大感震驚，說他們會立刻糾正這個錯誤。我的律師對此所謂「惡意的行為」表示關切。

會議暫停，因為貝辛騰企業承諾在隔天結束以前將依照我想要的條件，寄發修改過的經銷合約給南非公司的律師。根據我的意見，南非公司同意寫信證明貝辛騰為他們的經銷商，如此我可以寄這封信給聯合銀行（United Bank）作為借款的保證。

現實檢驗　在此當下，我知道供應商的觀點或判斷標準嗎？他們想要什麼？他們的目標為何？我只從自己的觀點看這件事嗎？

這次我需要少量產品，只要一個貨櫃的特殊口味果汁隔天自南非出貨。據我的員工說，我們快要無法應付最大經銷商的訂單。我擔心南非公司和我不知要花多久時間達成合約條款協議、拿到借款和運送產品。星期四那天離開會議時我很擔心，但還是希望事情能得到解決。

等待

然而突然間，事情似乎都停擺了，我不知道原因。南非公司延遲了星期五的會議，我們同意在會議中討論條約，而且他們會給我一封支援信。整整十天，我在開普敦等待南非公司的回應。外交官也覺得很沮喪，不知道還能做什麼。他建議我飛去約翰尼斯堡和賈克琳親自會面，她是政府高層的法律顧問（總顧問）。不知道還能做什麼的情況下，我只好在十一月十八日飛去約翰尼斯堡。目標是向她充分說明所有發生的事，如此她可以確定是否有進一步的法律追溯權；如果有的話，外交官和其他南非新政府的人員是否有可能為我作證？但事實證明，既然合約是基於南非法律定義，供應商又是南非的公司，外交官和其他部長，也就是南非的公職人員不能作證反對他們自己的國家。

我覺得非常難過。我被卡在南非將近一個月等待著新合約，但如今很清楚地，南非果汁飲料公司並不想要和別號「果汁夫人」的桑頓有任何業務往來——因為她要黑不黑，表現得比預期得好，雖然她也許是又也許不是個臭婊子。而且顯然有某件事——我不知道是什麼——在加拿大的南非白人公司進行中。

下星期就是感恩節了。我的簽證快要過期，而我必須離開這個國家、回家，至少要挪出時間出清我的庫存。我現在唯一的目標是拿到南非公司的那張紙，說明我是經銷商，讓我至少能夠辦事。我必須支付員工薪水和其他款項。我的胃不糾結了，現在只覺得麻木。

十一月二十九日我終於和南非公司的人會面了。他們交給我的合約有一條說明我依然是經銷商，但只到他們採用新的供貨或經銷方式為止，這其中可能指派一個來自加拿大的主要供應商或全美市場經銷商。

讀到這部分合約時，我很生氣。事情不對勁，但我不知道怎麼回事。我拿著合約說要讓我的律師審閱。幾天後，我打電話給外交官說明情況，他非常生氣，他說那都是藉口，只是在粉飾太平。「別簽那份合約，」他說。

我在這時候迷失了方向。十二月三日，我簽了合約，所以我可以回去美國，堅持下去支付員工薪水和其他債務。我想要回家。離開之前我打給南非公司董事會黑人成員湯瑪仕，感謝他的支持。他告訴我協議為何神秘停滯了六個星期。

十一月十八日，我在約翰尼斯堡和賈克琳碰面時，南非公司的董事總經理威倫和所有其他代理會面，包括來自加拿大的南非白人公司。實際上，那封通知經銷商排除貝辛騰企業的信要求他們飛來開普敦參加十一月十八日的會議，信裡面南非公司告知大家，加拿大的南非白人公司將取得所有北美市場，成為他們的總經銷商。我感謝湯瑪仕如此坦率，但我覺得被重重一擊。事情真的結束了。

結束失敗的生意

十二月五日，我終於飛抵家園。我開始出清庫存，畢竟還有自己的員工得照顧。值得慶幸的是，我在南非每次的會議和對話都有記錄詳細的發生順序，並且每隔一天傳真最新消息給外交官。

我又展開了另一波巡迴說明會，這回不是賣果汁，而是告訴每位支持我的人，我倒閉了。我和每位經銷商、代理人和債權人見面解釋發生的事情。我很驚訝也很感激這些債主免除了我的債務，包括廣告代理商。他們說看到我奮力衝破難關，看到我如何在這麼短的時間變得如此成功，而且這些情況我也無法控制。所以我還有一線希望。

我見到泰德，我最好的朋友和主要投資人，告訴他原有的原委。雖然他很生氣又很失望，但他相信交易一開始就被操縱了。

他希望我繼續往前，所以他說他會處理所有和投資方的溝通事宜。這對我來說是最艱難的對話，因為泰德為了我賭上他的名聲和人脈。我告訴他我不知道期限和方法，但我會找到賠償他和所有投資人的方式——不是投資報酬率，而是對他們投資的報答。

結束所有痛苦難熬的對話以後，我獨自回到家，終於意會了過來。我冒著所有風險想要拯救南非，而且失去了一切。我紐約的公寓沒了、存款沒了，甚至連股票投資組合都賠了進去。我徹底破產；我記得我找到沙發椅墊後面深處的零錢，湊到開往費城的油錢找我另一個哥哥。他給我三百塊美金，至少可以拿來加油和買一些日常用品。我連續過了幾天至幾週時間，反覆思考每件事，想要了解到底怎麼回事。後來泰德辦公室的人打來，想跟我談談他們能為我在南非的經驗做些什麼。我和他們見了面，但我的自尊心無法接受。我不想成為那個全新的人，擁有一種新身份：在南非失去所有的女人。我還在憤怒。我想要答案。我的腦子不肯休息。

最後我放棄了，接受這一切事情真的結束的事實。我陷入嚴重的沮喪和麻木狀態。我不再是我相信的自己。如今我不是果汁夫人，也不是行銷顧問公司總裁，我是誰？

我記得自己走到戶外環顧四周，想著我的世界走到了盡頭，但是世界依然運轉著。我無法理解。如果人可以走到生命的谷底，那麼我找到了新地方——谷底下的某處。

電影馬拉松和療癒食品

我很幸運從谷底爬了上來，雖然花了一點時間。為了不讓自己胡思亂想，我連續看了幾個月的影片，吃了很多爆米花和香草巧克力脆片冰淇淋，最後我離開沙發，開始恢復正常生活。我找到工作，再次投入世界的運轉。但我不斷問自己許多問題。為什麼一個成功的人，不只從未嘗過敗仗，而且還以年少之姿在企業界獲得某種程度的成功，結果卻摔得粉身碎骨？為什麼我無法在事情無法收拾前看清一切？我可以有什麼不同做法嗎？我記得那句古老諺語，「無法置你於死的，將使你更堅強。」

我問自己，我怎麼確定我因為此事變得更堅強？我怎麼知道自己不會再次跌倒？經過好幾個月的反省以後，我不得不對自己承認，我在過程中經常遇到問題，雖然不像這次這麼嚴重。我所謂的問題是事情進行得還不錯的時候，突然間變得不順利。但現在我需要答案。如果我不了解我做了什麼和為什麼這麼做，我可能會再次犯錯，也許還會自毀前程——最糟的情況下。

接下來幾年我不斷尋找著答案。這不只是為何失去百萬美元的問題。更深層的問題是：如果我沒有擔任這個職位，那麼我是誰？我開始接觸心理學，研究人何時和如何發展自我形象。我又轉向社會學，了解社會的規範和習俗如何經年累月地形成、加強和鼓勵。我研究西方哲學家如康德（Kant）、笛卡爾（Descartes）、洛克（Locke）、柏拉圖（Plato）和亞里斯多德（Aristotle），想要了解感知和現實的哲學基礎。我花了幾年時間研究東方哲學，鑽研《薄伽梵歌》（the Bhagavad Gita）和《奧義書》（the Upanishads），試圖理解自我的本質以及自我、他人和世界之間的關連。接著我轉而研究神經科學，了解心智和大腦運作方式。最後我學習量子力學，大致了解關於認知、物質和現實的最新科學知識。我開始省思和整合所有觀點，領悟到我在過程中遇到問題終至慘敗的關鍵原因，原來出自我的主觀天性。問題不在於我所做或沒有做的商業決定，而是在於我建構世界的方式——所謂基本假設，影響我對自己生活遇到的人、情況和事件的感知和反應。我學到的是想要快樂、發揮作用和獲得成功的話，人必須和主觀天性搏鬥，並且要練習客觀，後者我們簡單定義為「看見事物的本質／真相。」

有了這層新的體悟，我很清楚如果想要作出不同反應，我必須改變自己的思維，有關我對自己、他人和世界的根本想法。我開始重新評估自己所有的假設，發現我建構世界的方式不是很適合自己。年輕時我學習和認定為事實的事物對我不再是事實，然而這些假設卻還在影響我的行為。我發現我的很多想法和信念都基於不安、恐懼和自我懷疑，而這些信念阻礙了我對所有事情的感知和詮釋。我透過以恐懼為基礎的觀點看待世界，結果不只導致生意失敗，對我和身邊的人的互動也造成不良的影響。

我終於了解到，我經歷的世界實際上是我自己想像的世界。如同我想要拯救南非和成為果汁夫人的決心，現在我更加堅持改變我看待和因應世界的觀點。我知道自己的幸福和成就取決於保持客觀的能力，也就是看見和接受事物的本質。經歷過許多誠實和痛苦的反省，我現在能夠重新思考以恐懼和不安為基礎的各種信念。假以時日，我必能重建自我概念，較少依賴別人的認可。我開始重新界定自己的身份，而且相對於每件事和其他人，我代表什麼。我也開始重新檢視評價自我的方式，讓自我價值較不受限於擔任的職位、擁有的頭銜和扮演的角色。我開始因為自己的本質，而不是因為自己的成就珍惜和欣賞自己，在這個過程中，我的人際關係變好了。長久以來第一次我覺得快樂和無所恐懼。

重拔戰袍

徹底振作之後，我帶著創業的實戰經驗，尤其是「不要做什麼事」的經驗，開始尋找大展拳腳的新機會。二〇〇六年秋天，連續二十一年被《美國新聞與世界報導》雜誌評選為創業教育王國的第一名學府巴布森學院（Babson College），聘請我擔任他們大學部、研究所和高階主管教育學程的創業講師。我在巴布森學院首次公開分享失去百萬美元的故事。比起一般商學院所教的經營失敗案例，我學到的教訓更多。

二〇〇八年，在巴布森學院許多同事的支持和鼓勵下，我將研究、學習和發展創業選修課程——「客觀原則」所有的資料匯集起來。這個課程目前是巴布森學院奧林商業研究所（F. W. Olin Graduate School of Business）最夯的選修課程。此外，我藉由巴布森的高階主管教育執行企業訓練計畫，教導高階管理團隊為何客觀是有效領導的關鍵能力。本書就是依此課程發展而來。

我希望和大家分享我如何了解到看見事物本質的力量。請記得我們必須以開放的心態作為開始，並且努力以自身的實際經驗印證所有閱讀的內容。只要你有決心自我反省，我保證本書會以意想不到的方式啟發你改變人生……但不需要像我一樣經歷「失去百萬美元」這樣脫序的事件。

第二部

THE OBJECTIVE LEADER

別為自己的想法抓狂

2

認識主觀

你多常反應過度？增加客觀性的第一步，就是要誠實檢討你在什麼情況下會比較不客觀以及不客觀的頻率。

毫無疑問，缺乏客觀可能會釀成大禍。現在回頭一想，我很清楚知道如果當時我能再客觀一點，就不會造成這麼大的損失，不會有這麼多人受牽連，或許我還能更迅速地重新振作。我們會不斷檢視從中記取的教訓和為何失去客觀反應的良機。在此同時，你可以想想，以目前來說，在哪些情況下你希望能夠更客觀的反應？

領導的效能是根據我們達到成果的能力判斷。我們分析狀況、做決定、採取行動並希望得到預期結果。我們的結果由我們採取的行動決定。我們的決定根據我們認為或相信是什麼情況而定。領導人的挑戰是，我們很自然會透過個人的心智模式看待和反應我們所經歷的一切。這些心智模式就是我們對於世界運作的方式和事情應該如何發展，持有的根深蒂固想法、假設和偏見。我們遇到人、狀況或事件時，立即會投射我們的心智模式，這些模式通常源自我們的背景、過去的經驗和恐懼。最後導致我們經常對人、情況和事件產生錯誤的察覺、判斷和反應。我們判斷情勢、決定事情和採取有效行動的能力，直接與我們保持客觀的能力相關——即察覺和對應事物的本質。

事實上，我們內在的主觀無時無刻影響著我們，滲透至生活各個面向。目前我在進行有關客觀的數據和特質研究，我調查和訪談的對象都是來自我主持的客觀學程、研討會和專題討論會的參與者。好玩的是，我們發現，對於人、情況或事件反應過度原來是如此平常的現象，無關乎受訪者性別。（是的，看來男人和女人的機率是一樣的！）根據資料摘要顯示，百分之八十九點一的應答者表示他們每個月過度反應二至三次或更多次，百分之二十三點四的人承認每週過度反應一次，百分之十四點一的人說他們每週過度反應二或三次，以及百分之六點三的人表示他們每天都會反應過度。有時候我們可以從這些過度反應中復原，但有時候沒辦法；傷害已經造成。

你多常反應過度呢？增加客觀性的第一步，就是要誠實檢討你在什麼情況下會比較不客觀以及不客觀的頻率。為了刺激你的思考，這裡有個極端例子說明過度反應可能導致職場上失控的局面。請你站在吉姆（Jim）的立場思考一下。

「吉姆」的新工作已經做了六個月。他一向很誠實又勤奮工作，大家都認定他前途無量。每天早上七點四十五分，吉米的上司「史考特」經過吉姆的座位時，會親切大喊「早安，吉姆。」但是有一天，史考特只是點個頭就過去了。

吉米的腦子開始縈繞以下想法：

我聽說可能會裁員。史考特可能由長官授命裁減人員。我在公司只做了六個月，是部門裡年資最淺的員工，史考特特別無選擇，只能叫我走路。他沒打招呼是因為他覺得很難受。我快要沒工作了，也就是說不只我的兒子沒有新玩具，我的太太沒有新外套，我也會失去家庭，因為我無法養活他們，他們會離我而去。

因為這些負面思考累積的結果，吉姆變得極端焦慮，他衝進史考特辦公室咆哮：「是不是快裁員了？我在名單內嗎？」史考特大笑搖頭。「你在說什麼？別緊張，沒有人會走路。」

吉姆以主觀立場反應上司不甚熱烈的問候，不但馬上做出結論，而且還反應過度。如果他理智評估狀況，就會先觀察實際情況：幾個月以來每天早上大約七點左右，史考特會經過吉姆的座位，給予親切熱情的問候。今天史考特經過時一語不發。句號。故事結束。

但正好相反，吉姆透過自身的恐懼和不安觀點評估情勢，導致錯誤的感知、詮釋和反應。他的恐懼不合理嗎？不，不見得。儘管現在的經濟局勢已有所改善，很多人還是很擔心失去工作。但是受恐懼驅使跑到走廊圍堵上司才是一大問題。他甚至沒想過用其他方式評估和因應這個狀況。吉姆後來才知道上司的二十歲女兒剛發生車禍受傷了，他因為太掛念，所以就沒像平常一樣熱情打招呼。可惜經過這次事件以後，史考特認為吉姆個性太過魯莽、不穩重和容易反動。吉姆的名聲反而因此受損。

研究也證實，我們很容易認為別人針對自己而做出防衛反應，因而蒙蔽了事情的真相。我們在研討會詢問參與者認為別人針對自己的頻率，百分之九十二點二的應答者說一個月至少一次以上，百分之二十一點九的說一個月二或三次，百分之十二點五的說一週一次，百分之二十三點四的人說每週二或三次，而百分之十二點五的說每天都會。你多常認為事情針對自己呢？這種情況比較容易在職場或家裡發生呢？我們同樣來看一個主觀的極端例子，了解一下認為事情針對自己可能對個人關係的影響。

「派翠西亞」和「山姆」交往了四個月。事情發展得很順利；他們有許多共同點。可謂天造地設的一對。每天早上八點左右，山姆在上班途中會打電話給派翠西亞，祝她一天順利並說我愛你。「寶貝，祝你今天順利，我愛你」是早晨的結語。有天早上，山姆在上班途中沒打電話給她。都九點了，派翠西亞自然很擔心他怎麼沒有消息，怕他發生了什麼可怕的事──車禍或更嚴重的事。終於在九點半左右，山姆打給她道歉沒早點聯絡。他聲音聽來似乎有點陌生。他說等一下再聯絡。派翠西亞覺得很難過，她自己認為：

山姆沒說「我愛你」，所以他一定是有了別人。我坐在這擔心他是否在哪個路邊受傷時，他卻因為昨晚和新的對象出去而上班遲到。我覺得他真的很在乎我，但他可能無意中愛上這個人，現在很擔心傷害我。他知道我有多在乎他，所以他不想在上班時告訴我，他知道我會非常難過。我想我會回電給他，放他一馬，告訴他我認為我們應該開始各自找對象。

她打給山姆，非常突然地提出分手。

這個例子，唯一發生的一件事是山姆沒在八點打電話，等他終於聯絡了又沒說我愛你。就這樣。派翠西亞將過去的經驗投射至目前的情境，她的腦子編造了一個他沒來電的理由。她被上次的關係嚇壞了，當時是對方和她提分手，所以她根據這個過去經驗看待每件事。結果原來是山姆在上班途中車胎沒氣了，而他不好意思告訴派翠西亞車胎都磨平了。因為她的主觀讓她結束這一段可能前景美好的關係。

你可以理解這種狀況嗎？你做過類似的事情嗎？

很遺憾地，我們內在的主觀不只影響到個人的工作和家庭；對廣大的群體亦然。我們預期過政治人物持有某些程度的主觀，但沒想到政府運作停擺和其過程都是主觀胡作非為的完美印證。危機始於一小群共和黨員反對眾議院和參議院一致通過的《平價醫療法案》（Affordable Care Act），這項法案在二〇一二年大選時確認，經過最高法院同意，將在二〇一三年十月一日生效執行。我們都有此經驗。你太渴望某樣東西卻沒如願時，你會開始經歷書上所言的所有精神折磨，硬是想打造一個不同的現實。然而，事情絕對不會成功。這一小群共和黨員決定讓政府作業停擺，企圖強迫民主黨員修改該法案。當然，這項魯莽作為確實帶來一定的衝擊，很多人的生活受到不幸波及——但結果不變。

關鍵是**我們時常無法看見事物本質**。我們對現實的觀點經常被過去的經驗、我們的心智模式和我們的期望所扭曲。那麼，我們要怎樣成為有效的領導人、做出適當的判斷並有效執行呢？

我們有可能更客觀嗎？

真正的問題是：真的有可能客觀嗎？哲學家幾世紀以來反覆辯論客觀和主觀的認識論基礎。認識論是哲學研究知識和真相本質的哲學。認識論學家探索的問題如：知識是什麼？某人知道某件事的含意是什麼？有終極的知識基礎、絕對的世界嗎？我們經由推理或是直接觀察了解事情，還是都有一點？觀察者和被觀察者、理解者和被理解者之間的關係是什麼？

偉大的思想家如洛克、康德、笛卡爾、亞里斯多德和柏拉圖，都辯論過是否有客觀現實這回事。他們區別主觀存在（依賴大腦）和客觀存在（獨立於大腦）兩件事。以康德為例，他表示我們所體驗的世界由我們的大腦形塑。他說我們知道的真相，只能和大腦有關，或者如世界所顯露的物體。有些人認定，必須經由一群理性思考的人的證明，才能知道某件事是否客觀真實。其他學者如美國理論物理學家惠勒（John Wheeler）甚至說世界是大腦的投射，沒有客觀的現實，那裡沒有所謂的「那裡，」一切端賴於大腦。惠勒曾有一句名言「宇宙不存在於『那裡，』不受我們支配。我們免不了和似乎正在發生的事情的原因有關。我們不只是觀察者，也是參與者。」[1]

即便今天，神經科學者、心理學家和神經科醫師也還在激辯是否有自主的理性思維這回事。高曼（Daniel Goleman）的《情緒智商》、葛拉威爾（Malcolm Gladwell）的《決斷兩秒間》和波頓（Robert Burton）的《人，為什麼會自我感覺良好？》都是探討大腦本質方面發人省思的著作，其中包括難以理解、通常不可知的潛意識。波頓提到知的感覺、我們如何知道所知的事、理性思維的現實和自我反省的價值和限制。最新的書籍例如全國暢銷書作者英格曼（David Eagleman）的《躲在我腦中的陌生人》和葦卡登（Shankar Vedantam）的《潛意識與日常生活》，還有拉馬錢德蘭（V. S. Ramachandran）的《搬弄是非的大腦》（The Tell-Tale Brain），都很支持這項從神經科學觀點出發的大腦新見解，此觀點挑戰了我們學習如何思考所見和因應對策的方式。

就我從哲學、心理學和科學觀點所學習的客觀；就我經過研究、教學和主管訓練所得的知識；就我自身的經驗，我得到的結論是，**確實人的客觀性有可能加強**。以我的經驗來看，我堅信存在一種客觀的現實。我稱它為「它在，所以我看見」——換句話說，屬於我們世界的部分的一切，我們可以說它在，無論我們是否看到、聽到、摸到、嚐到或聞到。

舉例來說，有一天我開車去參加一場會議。我下了高速公路，開始在市區走一條不熟悉的路。我正想著待會要在會議說的話，誰會來——等等事情，除了開車。突然間，我聽到砰的一聲，我從椅子上不舒服地彈起。我的車碰到一個坑洞。我無法或做或說，或感覺什麼來改變坑洞的客觀事實。不管我看見了沒有，它在。

雖然從經驗上我認為有一個客觀的現實，但我不相信身為人類的我們，能夠百分百的客觀。如波頓在《人，為什麼會自我感覺良好？》書中所言：「完全的客觀絕不可能。」[2]

我們都很主觀反應各種「現實情況」：我們遇到的人、我們的生活狀況和我們自己。我們能夠做的是減少主觀，我所謂的「我看見，所以它在」——換言之是我們的預測、我們針對情況、人或事件虛構的事情。在吉姆的例子裡，他將恐懼投射於上司沒如往常反應的事實。以我和南非果汁飲料公司為例，我將自己的經營心智模式投射於供應商身上，透過那些觀點反應出現的問題。

連最簡單的事情，例如在街上行走也是如此。你曾在街上經過某人時，想過為何他們奇怪地看著你嗎？以這例子來說，我們看到我們認為奇怪的眼神並宣布它在。多數情況下，那個人只是在沉思，想著除了你以外的事，只是剛好看向你這個方向。要不然，你曾察覺到工作信件中不善的語氣並認定寄件人在打擊你，於是你也回了一封語氣不善的信反擊嗎？這些都是我們編造的事情。我們讓它成真，成為我們部分的現實、我們的經驗，而且我們彷彿它在般地反應。

值得慶幸的是，**我們能夠挑戰自身隱藏的假設和我們建構世界的方式**，進而減少主觀和更客觀反應確實**是**什麼的事。我們能學習釐清和反應客觀現實。當我們看見事物的本質，沒有投射個人的心智模式和恐懼，我們在保持客觀。當我們能夠理解和思考另一個人的觀點，我們在保持客觀。當我們可以將自身的過去經驗拋至腦後，只把它當作資料站並在當下判斷情況，我們在保持客觀。因此，我們對客觀的操作定義是看見並接受事物本質、不投射自身恐懼、心智模式和過去經驗，並且深思熟慮地應對我們生活中的人、情況和事件。

本書希望幫助你加強客觀性。第一個練習是建立你個人的基線，也就是承認你目前客觀的程度，以及在何種情況下你會偏向主觀。建立好基線以後，下一步是了解你理解世界的方式。

行動計畫：練習一

測量你目前的客觀程度和找到你的熱點（傾向主觀的時刻）

開始加強客觀性的過程前，請先評估你可能比較主觀的反應頻率：

- 你對狀況反應過度的時間，是一天、一週或一個月幾次？
- 你認為事情針對自己的狀況，是一天、一週或一個月幾次？

等你知道自己認知錯誤的頻率，下一步馬上找到你的熱點，確定哪一種情況或互動之下你最難以客觀。描述你難以客觀的一種專業情況。寫下你對下列問題的回答：

- 發生事件的客觀現實是什麼？
- 認知錯誤是什麼？你認為發生了什麼事？
- 你的反應如何？
- 回頭想想，可能比較適當的反應是什麼？
- 這事讓你付出了什麼代價？

請根據一個私人狀況重複此練習。

3

主客關係：我們理解世界的方式

你曾早上醒來對自己說，「我今天不要思考，我太累了」？不，當然不會。正如呼吸會發生和持續，思考也會發生，並且連續不斷。

了解主客關係非常重要——也就是我們理解世界的方式——如此，我們才能明白為何我們確實有可能增加客觀性。

進行方法如下：你是主體（「我」），其他東西是客體（「其他」或「非我」）。例如，你是主體，這本書相對你而言是客體。身為主體，你透過五官感知世界：視覺、聽覺、嗅覺、味覺和觸覺。透過我們的感官，我們與世界連結。我們的世界充滿刺激——我們周遭所有的人事物。「感覺和感知是我們得以偵測和理解這些不同刺激的過程。感覺是轉換外在環境刺激，例如溫度，成為訊號的過程，此訊號由巧妙的神經傳導路徑傳遞。物理能量，以光、聲音和熱的形式表現，經由感官——眼、耳、皮膚、鼻子和舌頭的專門受體細胞偵測，並且經由感覺神經傳導至脊椎和大腦。

感知是組織和詮釋感覺資訊的過程，所以才能言之成理。大腦收集、解析和整合我們經由五感接收的所有訊息，進而建構我們有意識的感知。」[1] 沒有大腦，感知無法真正進行。這就是為什麼你可以直接看著人的雙眼，一副傾聽的模樣，但其實你不知道那個人在講什麼。你的思緒跑到別處去了。大腦必須支持眼睛，不然你看不到東西。大腦必須支援耳朵，因為耳朵本身無法聆聽。所以感覺和感知、五官和大腦，彼此合作無間。「比方說，我們眼睛的受體細胞記錄——也就是感覺——一個天空的銀色圓滑物體，但他們並沒有『看見』一架噴射客機。辨別該銀色物體為飛機的能力稱為感知。」[2]

鑑於我們與世界的感覺——**感知互動模式**，我們的問題是人類可以全然客觀嗎？由經驗來看，是的，我們每天都很客觀。例如你沿著路走，穿過玫瑰園。你看見玫瑰；感覺到所見之物，視覺發生。此事你別無選擇。如果花在那裡，你的眼睛是張開的並正常運作，而你眼睛後面的大腦意識到眼睛看到的東西，然後你察覺到玫瑰。聞到不想聞的氣味能怎麼辦？同樣地，沒有辦法。透過感覺「事物本質」接收訊息時，我們很客觀。

然而，過了初始的「事物本質」感覺體驗以後，事情往往會變得有點複雜難解。多數人以為我們依照世界的真實情況感知世界，但實際上，我們並非如此。我們現在明白，我們的感知可能受到很多因素的影響。我們感覺某物體時，我們對該物體或情況的立即感知、詮釋和反應都很主觀。我們的感知依賴大腦存在，由我們的心智模式、我們的期望、我們的恐懼、我們的過去經驗等決定。我稱這些因素為主觀動因。通常我們不會注意這些動因；他們藏在我們自覺意識的底層。這也是有時我們不懂自己為何要如此反應的原因，尤其在不公平的情況下。這也是為什麼二個人可以透過感官體驗同樣的事物，但對該事物的感知和反應往往截然不同。他們的感知和反應根據他們個別的主觀動因而來。

所以，這一切的重點是什麼？你是主體，而其他一切，是你的知識、感知或知覺的客體，所以那不是你。這意思是，身**為主體，你最終得負責自己對於所有經歷事物的反應**。雖然可能有人會試試看，但沒人可以主宰你對任何人、情況或事件，或是其他所有經歷事物的反應。一切都由你決定，沒有例外，因為是你的大腦決定你對它的詮釋或感知，刺激你對它的反應。

既然如此，增加客觀性的關鍵即是擁有個人的認知評估過程，盡可能有意識地察覺，並且有目的性地做出反應，而不是自動反應生活上遇到的人和狀況。身為主體，你有能力這麼做，相信我，善用這個能力，你會辨別工作和家庭中的自我。身為主體，你有能力看見事物本質，減少認知錯誤、做出適當決定，以及創造生活的新契機。

接下來的章節，我們要了解人類天生很主觀的原因，並且大腦有能力增加我們的客觀性。我們先以一般用語說明大腦的概況。

感謝大腦和我們的主觀

我們的大腦是模式製造器官，由一千億個稱為神經元的神經細胞組成。「這些神經元有延伸的分支連至其他神經元，形成神經中樞網絡。一個典型的神經元大約有一萬個交接點或連接點，與鄰近的神經元製造總計約一百兆個連接點。」[3] 具體的想像類似於美國太空總署針對銀河恆星數目的最新統計，大約有二千億至四千億個。

從小開始，我們的大腦一直在迅速形成連結、我們針對由感覺輸入的一切體驗做出結論，並且在神經中樞網絡建立關連。科學家認為，突觸，即神經元連接的地方，是主導記憶力的角色。這些神經聯合一起加強和發射時會增強記憶力。想法、思考和感受都在神經網絡內建構和互連。彼此都有潛在的關連。比方說，我們個人的歷史、經歷和對於經歷的情感反應，逐漸讓我們對於愛、快樂和成功的期望和體驗深植於神經網絡。

基於這些關係和連結，我們的大腦不斷收集資訊和操控行為，建立穩固的神經結構。這個結構隨著我們對周遭世界的體驗和適應不斷地變化。我們的大腦自動完成這些工作，創造新的連結時也不斷進行調整，在我們沒有察覺的意識下。

科學家將大腦活動描述成兩種類型：有意識和無意識，或是我們察覺的活動和在意識知覺底下的活動。葦卡登在《潛意識與日常生活》書中提及，我們都有一個隱藏大腦和有意識的大腦，因為我們時常遇到二種經驗，新的和熟悉的經驗。隱藏大腦（大腦的無意識活動）處理熟悉事物，而有意識大腦（大腦的有意識活動）處理全新和新奇的事物。有意識的大腦很理性、謹慎和具有分析能力。緩慢且深思熟慮。遇到新事物時，有意識的大腦運作我們的工作記憶，「即大腦的等候區，進行感知和想法和其他資訊的比較。」舉例來說，你看到一則最新智慧型手機的廣告，理性地比較它和你現有的手機的優點，這是你的工作記憶，你的有意識大腦吸收新知並和舊有事物進行比對。[5]這種類型的記憶啟動了前額葉皮質，即大腦能量密集部分。精神病學家和腦成像專家阿曼（Daniel G. Amen）在其著作《一生都受用的大腦救命手冊》描述前額葉皮質如下：「〔它是〕大腦最會進化的部分。整體來說，前額葉皮質是大腦觀看、監督、指導、指揮和專注我們行為的部分。它監督「執行功能」，掌管各種能力如時間管理、判斷、控制衝動、計畫、組織和批判性思考。我們身為物種的思考、事前計畫、善用時間和與他人溝通等能力，深受這部分大腦的影響。前額葉皮質掌管我們為求目的、對社會負責和追求效率的必要行為。」[6]

我們遇到新事物的過程需要有意識的大腦。不過，一旦理解了問題，發現了解決之道，就沒有必要每次遇到同樣問題重新思考一遍。你會應用學到的規則繼續進行。這是隱藏大腦出現的地方。葦卡登形容它為「啟發大師，我們使用大腦捷徑執行枯燥的事物。」[7]

隱藏大腦包含基底神經節，那是一組靠近大腦中心的大結構體。稱為「尾葉」的結構負責自發動作的準確性和速度。它和另一個稱為「被核」的結構一起協調自發動作。「感覺、思考和動作的統合發生在基底神經節。所以你興奮時會跳起來、緊張時會發抖、驚嚇時會呆住不動，或上司斥責你時會張口結舌。」[8] 隱藏大腦用於日常工作、例行活動，例如將經常購買的產品放進超市推車。基底神經節讓你在二十年後還會騎腳踏車。這是因為神經科學的原理，所謂賀伯定律：基本上是「一起發送、一起發射的神經細胞。」[9] 這意味著每次我們練習某件事時，神經細胞群組會反覆一起作用，建立彼此長期的合作關係，形成一條神經線路。

基底神經節比起工作記憶，花費較少的運作能量，因為它經由重複經驗形塑而成的大腦模組，完美連結簡單的行為。相較之下，工作記憶較容易疲乏，一次只能處理有限的資訊。

這是學習新事物的運作方式。剛開始騎腳踏車的時候，你有意識地注意自己的平衡、速度和踩踏的困難，這樣你才不會跌倒。然而，等你熟悉了地心引力規則、平衡和動力作用，你的有意識大腦將騎腳踏車這件事發配至隱藏大腦，特別是基底神經節部分。你不必再思考正在進行的事，事情變成自動化。這會釋放用於工作記憶和前額葉皮質的處理能力。

因此，如同騎腳踏車或開車變成例行性活動，我們對於每天處理的事情的許多反應也是如此。我們如何回信、我們如何在小組會議表現、我們如何進行新的計畫——假以時日全都變成自動化。這是我們應付熟悉情況的方式：「你的大腦為了保留工作記憶的能量，轉換成一種自動駕駛狀態。然後你依賴在基底神經節長期建立的神經連結，實際上，針對這個情況和其反應，這些連結已經根深蒂固。你很容易做到一直在做的事，所以你有餘力一次做二件事……執行多重任務。」[10] 你的例行事務，有多少已經轉成自動駕駛狀態呢？你多常執行多重任務？

為了加強客觀性，我們必須將更多的自動反應——深植和發配至基底神經節的反應——在我們反應前，帶至前額葉皮質執行有意識的審視和分析。

大腦和心智模式

心智模式深植於我們的神經網絡。心智模式是我們對於自己、世界的運行之道、行事規則的固有看法和信念。大腦形成各種模式，定義我們對現實的感覺。心智模式被形容為自然發生的現實認知陳述，或者是根據我們對現實的理解，現實在大腦編纂的方式。這些感知現實的陳述，提供我們因果架構，引領我們預期某種結果、給予事件意義和以某些方式牽引我們的行為。我們的心智模式變成我們感知、分析、理解當下事物的基礎。[11] 我們透過個人的心智模式思考和行動，因為與之連結的神經元群組一起發送形成了大腦的線路，引導我們反應所經歷的一切。儘管在不斷變化的世界裡，心智模式提供了內在的安定力量，它也讓我們看不見一些挑戰或對抗固有信念的事實和想法。就其本質而言，它們非常模糊和不正確。每個人都有其不同的心智模式，即使針對最簡單的概念。

我們針對自己扮演的各個角色有不同的心智模式：母親、女兒、姊妹、兄弟、父親、兒子、同事、上司、員工等等。此外，社會對於事情理應的發展方向也採用集體的心智模式。男女的角色有其社會心智模式：男人和女人應該怎麼表現。這些模式透過媒體、同儕壓力和社會的鼓勵日漸強化。我們經由別人教導，包括父母和老師，如何思考和表現、喜歡什麼、想要什麼和如何自我評價。我們多數人不假思索地吸收這些觀點，然後它們從此根植於我們的神經網絡。舉例來說，在我這個世代，女人的角色由克利弗（June Cleaver）定義，她是一九五〇和六〇年代電視影集《天才小麻煩》（Leave It to Beaver）裡的媽媽和老婆。女人應該要照顧家庭和小孩，而且做的時候要看起來很有魅力。我們常看到朱恩帶著珍珠項鍊做菜。男人也面臨非常強大的社會心智模式。你知道所有男人，如果他們是真正的男子漢，必須擅於家庭修繕工作。他們必須知道修理所有東西的方法。我認識的男人很多都坦承，自己的手腳一點也不靈活，他們寧願找承包商也不想自己拿斧頭敲敲打打。這意味著我們可以選擇採用社會心智模式，或是選擇更適合我們的新心智模式。

蘭格（Ellen J. Langer）在她的著作《用心，讓你看見問題核心》談及「一種我們共有的狀態和特質，即無心」，她解釋這就像操作自動駕駛的人類傾向，無論是藉由定型或直接忽略的方式。[12] 蘭格的研究顯示無心來自行為的自動和習慣模式。[13] 問題是這些自動反應阻礙了我們思考所有選擇和新的因應方式。因為我們太習慣大腦的固定思維，我們經常不帶任何懷疑地接受資訊，沒注意到其附帶影響可能因情境的變化而無效。蘭格探討「過早的認知承諾」可能如何限制我們的選擇和看出潛力的能力。[14] 既然這樣，無心的人堅持預先決定好的資訊用途，而不探索其他可能用處或應用方式。如我們所知，針對重複體驗的狀況，我們的大腦會讓我們對該狀況做**無心的詮釋和反應**，而我們往往難以客觀回應。

認知科學家發現，人的心智模式包含其理論、期望和態度，在之前理解的人類感知方面，佔有更重要的作用。人類傾向體驗預期體驗的事情。無論是有意識或深埋於大腦核心深處，我們的期望影響感知甚鉅的事實具有重大含意。我們堅信的自我、我們認定的真實、我們決定的重要事物、我們專注的事物，即將成為我們體驗的事物。

有一天這樣的事情在我眼前發生。時間是二〇〇三年，我的三菱 Galant 型汽車已經開了十六萬八千哩路，而我就要搬去波士頓，所以需要一輛新車。我打給弟弟「休」，問他買哪種車比較好。他告訴我最划算的是林肯LS新款車。我說好，我喜歡零頭期款、零利率和零手續費的優惠。我上網買了那輛車。然後我去代理商那試車並決定考慮幾天。然後突然間，無論我看向哪裡，都可看到林肯LS，而且都是銀色的。你有類似經驗嗎？問題是：是車子一直在那裡？還是它們奇蹟似地出現，跟隨我左右？顯而易見，車子一直都在那裡，只不過我以前沒注意到它們，直到我告訴大腦，銀色的林肯LS對我很重要。我的大腦引導我注意我想要和認為重要的事物。這個簡單例子可以解釋人類的大腦威力。我們所相信的事物和我們形塑世界的方式，最終決定我們如何體驗它。

我們的心智模式大多很適用於我們。但是總有幾個對我們不適用。如果你在工作上或是私人關係裡反覆遇到同樣的問題，那表示你可能有一種自身未察覺的心智模式，導致你做出和你有意識的目標不相符的反應。幸好我們有能力改變心智模式。無法一起發射的神經元無法相連在一起。

每次我們打斷了自動反應，將它帶至**有意識的知覺**，然後選擇不同的反應，這時彼此連接的神經細胞，逐漸和維持長久關係的彼此說再見，開始建立新的神經連結。我們稍後會談到轉換心智模式的過程。

大腦和思維

你代表自己的思維嗎？如果是，那麼你屬於哪種思維？你是早上醒來的思維，還是下午二點左右的思維？又或者是每天晚上就寢前的最後思維。這裡有個提示：如果你回顧前面談及主客關係的章節，其關鍵要點是，任何你可以透過五官感知的事物，或是察覺到的東西，對你而言都是客體，所以那不是你。你知道自己的思維內容嗎？你有時候會說「那是我最荒誕的想法了」？你會判斷一種思維的好壞嗎？當然，答案是肯定的。因此，如果我們運用邏輯，即能夠斷定我們不等於自己的思維。我們的思維當然是我們的一部分，但我們不等於自己的思維。你曾早上醒來對自己說，「我今天不要思考，我太累了」？不，當然不會。正如呼吸會發生和持續，思考也會發生，並且連續不斷。

我們目前知道了思維、想法、記憶和心智模式在我們的神經網絡中彼此聯繫。因此，我們的思維往往會加強我們既有的心智模式，反之亦然。舉例來說，女人多數還存在一種心智模式，告訴她們無法在美國企業爬至高層。有些人堅信，儘管有少數特例，但職場的女性不可能超越副理的位置。如果擁有這種心智模式的女性副理，得知有個副總經理的缺她足以勝任，她會怎麼想？她可能告訴自己，「我不應該爭取那份職位；他們已經決定給男性同事了。他們也許會和我面談，但最終他們還是會讓男性擔任，然後編一些藉口搪塞。我連問都不應該問，因為大家會認為我爭取這職位很可笑。」如果她想要抗拒這些想法，她的大腦會找出一些傳聞證據支持其心智模式。她也許還會上網找一些令人信服的統計數據佐證她的心智模式，經過數小時的思考折磨，她決定不再管它。我們的心智模式或思維就是經常如此運作。這是相互持久、強化的系統，讓我們侷限於舊有思維和反應方式。我們的大腦依賴熟悉、自在的模式，因而限制了我們客觀反應的能力。

除了支持我們的心智模式，思維本身對生活有巨大的影響，時時刻刻，日日夜夜。你注意過**你的思維內容多半都是自我批判、負面和最糟狀況的假想嗎**？有時候這些思維可說非常有侷限性、沒有益處，甚至太過嚴厲。我們有時候就是不放過自己。根據最新科學研究發現，負面思維的問題是，思維威力太過強大，甚至會影響到身體。阿曼在《一生都受用的大腦救命手冊》書中指出，「所有思維在大腦各處傳送電波。沒錯，它們擁有物質、實際的物理特質，它們可以影響身體的每個細胞，讓我們感覺好或壞。」[15] 大腦成像清楚地顯示，當我們的腦子負擔太多負面思考，我們會趨於煩躁、低落，甚至抑鬱。

你在心理撻伐自己的時候，曾經停下來注意自己的感覺嗎？阿曼繼續提到，我們的思維即使真實，通常也是錯的。我們的思維會說謊。如果思維經常支持我們的心智模式，如果在有些情況下，我們的心智模式是錯誤的，也就是說對我們無益和不適合，那麼理所當然，我們某些思維也是錯的。基本上，我們有時候對自己說的謊言，造成我們情感和身體上的傷害。

請記得，**思維無害，除非我們相信它**。凱蒂（Byron Katie）在其著作《一念之轉：四句話改變你的人生》建議，「不是我們的思維，而是執著於思維使我們受苦。」[16]身為主體，既然思維只是你的知覺客體，你擁有挑戰每種思維的權力。你能夠決定是否要讓那種思維成真。你可以決定是否要關注思維、改變思維或忽視它。阿曼建議，當自動負面思維出現，你開始感覺無力或失控時，立刻拿出你的氣勢回應那些思維。就像你選擇果汁或汽水，你也可以大方反擊「我每次都搞砸」思維，選擇相信「只要我全力而為，事情通常都有好結果」思維。由你選擇。你是主體。

你要探索的重要問題是，藉由對自己的批判、負面和殘酷思維，連結強化進而深植於個人神經網絡的心智模式是什麼？

大腦和恐懼

根據大腦的最新研究顯示，過去的經驗和避免痛苦的渴望深深影響我們大腦路徑的形成。韓森（Richard Hanson）和曼度斯（Richard Mendius）在《像佛陀一樣快樂：愛和智慧的大腦奧祕》書中這樣形容：「我們的大腦就像魔術貼，緊抓著負面經驗，就像鐵氟龍，不沾正面經驗。我們自動搜索生命中不敢再犯的歷史錯誤，我們急切避免或準備面對的未來威脅。我們大腦的首要功能是幫助我們存活和延續基因，因此它們自然對危險有自動的負面偏見。當我們發生不愉快的事情，大腦會將它標記為負面並儲存作為未來參考。」[17]

恐懼是我們感受到危險時的感覺情緒。具有防衛性的情緒。恐懼包含身體、心理和行為的對應，而這些通常和心智模式相關。因為我們求生的本能，人類的大腦發展了特別強大的能力，能夠偵測神經科學家所謂的「誤差——期望和現實的感知差異」。這些誤差訊號由大腦稱為「眼眶額葉皮質」的部分生成。它緊連著大腦的恐懼電路，寄居在「杏仁核」的結構中。杏仁核的主要功能是保護我們免於威脅，或任何可能破壞我們幸福的事情。它會產生害怕的感受和感覺，例如心跳加快、手心發汗和肌肉緊繃。

「當人處於低度至中度壓力的情況，前額葉皮質會壓抑杏仁核，思考預期行為的得失利弊。」[18]

因此，前額葉皮質確實會幫助你更客觀。讓你經過思考再行動。然而，在極端的刺激之下，杏仁核的啟動會阻斷前額葉皮質的功能，那是發生自覺控制和決定過程的地方。因此，當杏仁核認定刺激是一種威脅，大腦的有意識部分會自動關閉。這就是我們覺得自己「失去理智」的時候。神經科學家稱之為「杏仁核劫持」，因為後續反應都由杏仁核控制。高爾曼在《情緒智力》中，描述它為突然和無法負荷的恐懼或危險。一旦這些大腦部分被激發，它們會奪走前額葉區域的代謝能量，而該區域支持和提升高度智力功能。[19]誤差偵測因此迫使人類變得情緒化和衝動行事，更不客觀。以前面的「吉姆和史考特」的職場例子來說，吉姆陷入杏仁核劫持的困境，被激增的負面思考刺激，所以他才衝進上司的辦公室，針對只存在他腦中的事情和他對質。

基本上，我們都經歷過恐懼。你知道自己的恐懼嗎？你知道你什麼時候會覺得害怕？你是主體，知道害怕的感覺。這表示你不代表你的恐懼。問題是恐懼經常歪曲我們對「真實情況」的詮釋。比方說，如果我們害怕某樣東西，透過我們五感接收到的感覺，即我們知識的客觀媒介，會由大腦透過這些恐懼過濾。然後我們的行動變成對恐懼的回應，而不是針對「真實情況。」

我的學生在課堂和研討會上表達的恐懼類型，一般包含：

1. **失敗的恐懼**。我的自我概念和達成目標和控制成果連結。如果失敗，沒有人會喜歡我或愛我。我覺得自己像個騙子。我害怕有人會發現我沒那麼聰明。
2. **成功的恐懼**。我覺得我沒資格快樂或成功。我很怕如果我成功了或達成目標，我會一擁有即失去。
3. **死亡的恐懼**。我很怕自己會死或所愛的人會死。
4. **未知的恐懼**。我害怕失去控制。我很怕自己不知道的事情，我很怕可能發生什麼事。
5. **疏離、寂寞的恐懼**。我怕別人不喜歡我或拒絕我。我害怕獨處。

所幸我們只要有意識地知道自己的心智模式，通常我們可以減少恐懼、避免杏仁核劫持和做出更客觀的反應。

經驗教訓

在整個果汁事業進行中，我有好幾次害怕的經驗。經常發作的胃糾結是危險的警訊。我最害怕什麼？我必須承認，通常會影響我的反應的是失敗恐懼。如果我的失敗恐懼沒有牽制我的反應，或許我可以更客觀一點，看出顯而易見的事實，而不用在南非待六個星期為自己的事業奮鬥。

大腦、習慣和傾向

正如我們的思維支持個人的心智模式，我們的大腦也形成和鞏固習慣性反應和傾向支持我們的心智模式。例如，有些人受威脅時會站起來奮力抵抗，有些人則退縮或逃跑。「打或逃」反應是針對基底神經節產生恐懼時的慣常反應。如前所述，這是大腦設計自動思考和行動的部分。這是我們何以發現自己老是針對同樣情況做出相同反應的原因。在那個當下，我們覺得自己無計可施。一旦我們確定了自己的心智模式，而且確認可能不適用自己的部分，我們可以培養有用的習慣和傾向，支持我們對於環境的思考和行動方式。

大腦和直覺

直覺的主題經常在我的課堂裡提起。參與者總是想知道直覺屬於客觀還是主觀。更重要的是，是否可以信任直覺或內心的感覺。以下是我學到的內容。

關於直覺的起源和有效性，神經科學家和心理學家的爭辯不斷。從神經科學觀點來看，直覺被定義為「隱含或無意識的識別記憶，以此反映一個事實，即直覺是我們在無意識察覺下接受和處理的資訊或感覺投入，之後還可以取回。」[20] 我們都擁有儲存經驗的內在相簿，這些是我們人生過去經驗的累積。我們也記得後果；結局是好是壞呢？愛荷華大學醫學院的達馬斯奧（Antonio Damasio）提出，經由腹內側前額葉的協助，這部分是儲存過去獎勵和處罰的資訊系統，我們會無意識地評估即將發生的狀況並預測其結果，而結果經常引發人類表示為直覺或內心感受的生理反應。[21] 正如我們的心智模式通常隱藏在我們的意識知覺底層，我們無意識的記憶過程也在收集和儲存資訊，並且在我們了解怎麼回事以前，促使我們對人和情況做出反應。

從這點和我本身的經驗來看，我認為直覺可以做為威力強大的工具，只要我們學會培養和信任它。同時我們了解，如同心智模式、思維和恐懼可能是錯誤的，而且可能引發讓人後悔莫及的反應，我們的直覺也可能會導致我們走入歧途。察覺我們的直覺反應，並且在反應前先做好評估，是增加客觀的不二法門。

別為自己的想法抓狂

我們經常在回頭檢視自己缺乏客觀的過度反應或回應時，感到懊悔不已和生自己的氣。讓人釋懷的是，你現在知道你不是唯一的一個；很多人也在做同樣的事，而且和你有相同的感受。

你無法氣自己或自己的大腦，基於你對世界的印象、媒體的推廣和社會似乎重視和獎勵的事物，從小無意識地鞏固自己的神經網路。往好的方面想，大腦有能力重新組織，我們終其一生可以形成新的神經連結。這個能力稱為**神經可塑性**（neuroplasticity）。貝格理（Sharon Begley）在《訓練你的心靈、改變你的大腦》書中，描述了神經可塑性：「對應其行動和經驗，大腦在隱藏行為或思緒的管道中形成緊密連結，並且減弱其他管道的連結。這大多因為我們的所做所為和外在世界的體驗而發生。於此情況下，大腦的本身結構，不同區域的相對大小、各個區域之間連結的強弱，都在反應我們經歷的人生……如此細微的雕塑不必經由外在世界的輸入即可發生。這就是說，大腦可以因為我們思考過的想法而做出改變。」[22]

因為神經可塑性的能力，事實上你能夠重新建構自己的世界和重新連結大腦，如此你可以變得更客觀。你有看見事物本質的力量，所以你可以謹慎、周到並有效地反應經歷的一切。

現在我們對認知錯誤背後的神經科學和大腦有改變能力有了基本認識之後，我們將焦點放在活用知識的方法——教你如何增加客觀。本章結束的行動計畫單元的練習二，有助於你找到自己的心智模式——哪些是適用和不適用於你的模式。

行動計畫：練習二

你對自己深信的部分是什麼？

你建構世界的方式，直接和你對自己的認定有關。一般來說，我們的自我概念或我們認定的自我，是我們所認為和別人所認為的加總。因此，請寫下：

- 你認定的自我，比方說，我很聰明、我很勤奮、我很親切……
- 寫下你認為別人認為的你。
- 注意你自己認為和別人認為的差異。你認為有所差異的原因是什麼？

你的思緒，形成了你是誰、你如何感覺，並且經常支持隱含的心智模式。思考和察覺你的思緒。寫下：

- 你思緒流動的內容。
- 你的思緒是鼓勵、中立，還是不鼓勵自己的？
- 如果你有些想法很批判性或嚴厲，你會對自己說什麼？
- 那類想法的潛在心智模式或信念可能是什麼？

關於「恐懼」：

- 你害怕的東西是什麼？
- 什麼樣的心智模式或隱含假設讓你如此怕它？
- 你希望或預期發生什麼事？
- 如果你希望或預期的事沒有發生，你認為會發生什麼事？

第三部

客觀領導的架構

THE OBJECTIVE LEADER

4

客觀決策

客觀決策過程不僅是幫助你及時做好決定的基礎，它也是事情發生之後的最佳工具。它幫助你徹底思考情況，了解你能更客觀、更深入了解自己的心智模式和思維。

大腦威力如此強大，令人訝異！你現在明白，你所感知、相信和期望的一切，都會影響你能否清楚評估情況、做出正確決定和採取有效行動。身為主體，你也明白自己可以選擇如何反應所經歷的一切。透過你根本未察覺的心智模式，無意識地自動操作，可能帶來限制、沒有任何益處，有時還具有毀滅性。現在你可以學習有意識、謹慎和有效反應每天面對的各種挑戰和機會。

下一頁的客觀架構表有助於培養領導者的客觀性，使其成為提升效力的核心能力。

「客觀決策過程」的設計很實用，在評估情況、決策和採取行動時，它能帶你走過了解個人參考架構和他人觀點的過程。這個過程最有效的情況是，身為領導者的你有時間收集和分析各種數據資料的時候。

然而，有些狀況太過突然，你根本沒時間逐步進行其過程，提高決策的效力。因此，在圖表左欄是此架構的第二個要素，強調提高當下的客觀性，使用於事情發生得太快，面臨必須迅速和有效反應的巨大壓力的情況。即使你逐漸能控制自己在壓力情況下反應過度的傾向，並且更清楚地理解事情，你還是必須確認和改變那些促使你第一時間過度反應的心智模式。因此，本架構在圖表右邊的第三要素，專為幫助你建立有效的全新心智模式，讓你能塑造個人世界更成功和快樂的經驗。

客　觀　架　構

當下的客觀性	客觀決策過程	長期的客觀性
	客觀的領導者	
靜觀	收集和接受情況和事實	轉換學習
建構距離和空間	找出可能影響你下結論的心智模式、情緒和直覺	認知重建
推翻你的傾向	評估其隱含假設和判斷其合理性和用處	注意力強度
	培養新的思考方式	
	選擇客觀的反應，考量所有可能後果	
	採取有效行動	
	心智模式、思維、恐懼、傾向	

我在本章會逐一介紹客觀決策過程的各項步驟，並且提供過程中可以提出的重要問題。

步驟一　收集和接受情況和事實

遇到需要做決策的情況時，首要步驟是收集所有事實。

你必須自問，「我對情況了解多少？我如何確定具備所有做決定所需的資訊？」如前所述，我們的心智模式和期望經常誤導我們，我們逃避看到關於情況的所有事實。舉例來說，我們可能只看到數據的一個面向，通常是負面特質，排除了其他重要的部分。這類認知誤差稱為**選擇性摘錄**（selective abstraction）。例如，行銷研究部經理「蘇珊娜」檢視一份焦點團體的資料時，只注意到幾項表示對產品不敢興趣的負面評論，隨即認定產品不應該繼續研發。她忽略了其他表明願意低價購買的資料，而且排除了建議改善產品機會的資料。鑑於生產中的產品數量，沒有人質疑她的勸告。在這個情況下，雖然不是很確定，但公司可能失去在市場上首推創新產品的機會。

為了充分了解情況，收集別組人馬的資料和觀點十分重要，必要時還需要組織內部跨功能領域的資料。別組的人員或領域很可能會經由不同的視角看待情況，他們的觀點或許彌足珍貴，有助於你得到更客觀的結論。以行銷研究部經理蘇珊娜的例子來說，如果她在提出收手的建議前，能和產品研發部門的其他成員分享其焦點團體結果，例如設計部門、或者是有關競爭價格的數據分析部門，或許會大有斬獲。

收集了所有重要資訊以後，重點是要接受該情況的相關事實。話雖如此，但常常我們就是不想看見事物本質，徒勞想要強制改變。如我們所見，二〇一三年政府停擺正是因為無法接受和試圖強制改變的完美案例。坦白說，我認為那是我待在南非如此久的原因。我無法接受那個情況，所以我認為如果我拒絕離開，他們就非得和我交易不可。當然，他們最後如此作了，但不是按照我想要的方式。

客觀的領導者意味著接受每種情況的現實。相信我，否認和逃避只會導致錯誤判斷和徒勞無功的行動，最後造成更嚴重的後果。

步驟二 找出可能影響你下結論的心智模式、情緒或直覺

一旦有了資料，你會發現自己對資料產生一種情緒反應。如果你第一個感覺是生氣、挫折或害怕，這可能是一種訊號，表示你可能無法保持客觀。這時候重要的是問自己，「我做了什麼假設？導致我對此情況感到生氣、挫折或害怕？過去我有類似的經驗嗎？」

我們面臨問題或狀況時，有時會小題大作。這是所謂**災難化**（catastrophizing）的認知差錯——認為情況會發生最嚴重的後果，沒有考量其他可能的結果。[2]你必須問自己，「如果情況沒有完全按照計畫進行，我認為會發生什麼事？」比方說，資深專案經理「喬瑟夫」分享道，他經常賦予各種計畫、任務或情況太多意義。他覺得如果他沒表現好，工作就會不保。他的失敗恐懼有時大到讓他有卡住或甚至麻木的感覺。

除了要找出阻礙你看清狀況的任何情緒，承認你對該情況可能有的內在感受或直覺也很重要。葛拉威爾在其暢銷著作《決斷兩秒間》大力支持直覺的力量，他稱之為**快**

速認知。他在書中支持直覺、內在感受和瞬間判斷的力量和有效性。根據他的研究，葛拉威爾認定基於直覺的決定，優於依賴理性分析的解決辦法。他強調過度思考事情會導致錯誤決定——遠離個人內心感覺。相反地，頂尖的心理學家如諾貝爾得主卡曼(Daniel Kahneman)等人認為，直覺雖然能夠讓人不浪費時間精力做決定，但可能會導致錯誤決定。

儘管科學家一直在辯論著直覺的起源和合理性，領導者還是不應該低估針對情況的個人情緒或直覺反應。他們反而應該將這些感受視為分析和評估的重要資訊。記得要點是，你的大腦會透過個人的心智模式、認知扭曲、情緒和直覺感知資訊，因此你必須先花時間反省可能掩飾個人感知的因素，然後才讓別人參與決策過程。請記得，一旦你察覺了它們，你可以選擇是否受其影響。**你是主體**。

步驟三 評估隱含假設並決定其合理性或用處

一旦你能夠掌握個人對於情況的認知評價，並且找出其個人假設、思維、隱含情緒和直覺，接下來你就要評估它們。把它們寫下來列出清單。你現在的工作是評估每個假設的合理性或用處。請切記一點，你的思緒通常和心智模式相連，所以第一步是寫下負面想法並評估它們是否有用，或者無效和無用。怎麼做？身為主體，你可以選擇如何思考一種情況。首要步驟是挑戰各個負面或分心想法，問自己該想法是否真實，或是有可能性。[3]

一般來說，你會判定該想法或假設不是真的，或非常不可能，這樣你就可以繼續前進。如果不是，那麼你需要自己的小組或人脈協助你變得更客觀。這不是什麼丟臉的事。有時要質疑自己的想法很困難，除非你徹底改變扭曲真實視野的心智模式。（我們稍後會經歷這個過程。）當你了解自己無法客觀面對情況，這就像知道無法自行組裝櫥櫃一樣，去找到資源並加以利用！最好的資源也許是某個值得信任、親近的人、非常了解你的人，接受你原本樣子的人和不想改變你的人。以我來說，就是我的雙生姊妹。

你會注意到自己列出的假設裡，有些是根據類似情況的先前經驗。這有時各有利弊。好的一面是，你能夠明白該情境也許有改變的機會。可喜的是，你從過去經驗中學習並擷取觀點和洞察，只把它當作參考點，而不是決定點。先前經驗變得不好的結果是我們未經分析迅速做出結論，「我們可以這樣做，我之前做過效果很好。」但其實反之你應該自問，我上次的做法在這種情況下有用嗎？為什麼有用或為何沒用？

步驟四 培養新的思考方式和界定目標

找出和確認那些假設的用處和合理性以後，下一步是發想處理該情況的新思考模式。重點是不帶批判性地參與過程，否則你會扼殺了創造力和創新思維。敞開心接受新的思考方式，不要扭曲心智模式和過去經驗，你能更客觀地處理情況。根據合理和有效的操作假定或假設，你能夠判定該情況的客觀現實。接下來是設定目標。試問，基於我們目前所知，我們期望的結果是什麼？要判斷我們是否達到所要結果，什麼是正確的指標？

步驟五 選擇客觀反應，考量所有可能後果

現在選擇最有效的反應容易多了，因為你對情況做了周全的判斷，並且清楚界定和表達預期結果。根據發想過程所得結果，你可以評估可能不符合既定客觀標準的反應。你可以問，根據我們的標準，哪一種反應或手法會帶來最好的結果？針對各項評估，徹底思考所有的可能後果。做出決定。

步驟六 採取有效行動

一旦做好決定，在執行之前，有些領導人發現為了獲得信任和支持，和重要利害關係人溝通其客觀過程非常有益。這類對話如下所示，應該要很精準、不設防，彼此配合：

- 這是我們分析的資料。
- 這些是我們收到的其他輸入資料和觀點。
- 這些是我們確認過的初期假設，這些是我們發現沒有用的假設。
- 我們針對該情況發想了新的思考方式，並且達到以下結論和操作假設。
- 由此我們決定最後的結果並找出客觀的評估標準。
- 依照我們的標準衡量了所有的選項以後，我們選擇這個方法。

當然，有些時候你沒辦法和團隊參與整個過程。最重要的是要不斷向自己提出問題，挑戰你的思維和潛藏假設，如此你才能清楚地評估狀況和做出有效決定。

本章結尾的練習部分請你使用這個客觀架構，並根據第一次練習中你記得和描述過的其中一種狀況，也就是比較不客觀的情況來練習。客觀決策過程不僅是幫助你及時做好決定的基礎，它也是事情發生之後的最佳工具。它幫助你徹底思考情況，了解你能更客觀、更深入了解自己的心智模式和思維。同時，反省是關鍵所在。著名的「創意領導中心」（Center for Creative Leadership）的研究強調自我反省的重要性，他們調查經理和高階主管如何從自身經驗中學習。提及目前在快速和高標準的管理工作環境下，主管少有時間反省他們面對挑戰時採取的行動。

處於這類高壓環境下，主管只能依賴他們所知和過去成功的經驗。情況若是順利的話，主管的舊有心智模式會更加強化。事情不順利的話，也沒有時間反省其隱含假設、行為和所得決定。無論情況是否轉好，投入時間反省自己的隱含假設、行為和決定，有助於判斷自己是否具備最有效的領導心智模式。

為了幫助你準備後見之明的練習，首先要明白此架構在連最簡單的情況都很容易應用：就像我們前述的那兩個職場及人生中極端主觀的例子。因為你已經有某些程度的客觀能力了——你和情況無關——所以你應該很容易應用這個架構，更看清楚事情並選擇更客觀的反應。

案例一：吉姆和史考特客觀決策過程

收集和接受事實	該情況的事實是什麼？我真正知道什麼？	上司史考特沒有如往常向吉姆打招呼；他只點頭示意。
找出影響你下結論的心智模式、情緒或直覺	影響我做出結論的假設、過去經驗或心智模式是什麼？	吉姆認為史考特的行為針對自己而來，因為害怕而反應過度。他假定即將有裁員的事。吉姆誇大史考特的不同行為，認為那代表最糟糕的可能情況。
評估隱含假設和決定其合理性和用處	這些假設的合理性或用處如何？我可以用哪個部分的過去經驗，作為有用的參考點？	吉姆無法得知史考特發生了什麼事；他的假設既不合理也沒有用處。雖然吉姆以前被裁員過，他也無法單憑史考特沒有打招呼一事，判定他要被裁員。

培養新的思考方式	什麼是不同的思考方式？ 我們對此情況做出什麼新的結論？ 我們合理和有用的操作假設為何？ 我們的目標和評估標準為何？	吉姆可以認為史考特的行為與他無關。他可以思考上司分心和行為改變的情況，而那只代表他分心而已。吉姆真的想維持好名聲，並且和上司保持良好關係。
選擇客觀反應或方法	什麼是客觀的反應/方法？ 什麼是可能後果？	吉姆可以不做任何反應，忽視它繼續做事。 吉姆可以在下次看見史考特時詢問其近況（此舉可能惹怒史考特）吉姆可以衝進史考特的辦公室直接問他近況和是否需要幫忙。史考特可能會認為吉姆太想得到關注。
採取有效行動	如有需要，溝通其過程。	不做任何反應是最好的選擇

後記：史考特剛知道他二十歲女兒發生車禍受了傷。他想得太入神，以致於沒有像以往一樣跟吉姆熱情打招呼。當吉姆走進他的辦公室，史考特失望地看著他。從那一天起，他們的關係就改變了，因為史考特認為吉米既莽撞又難以信任。

案例二：派翠西亞和山姆客觀決策過程

收集和接受事實	該情況的事實是什麼？我真正知道什麼？	山姆很晚才打電話給派翠西亞，而且沒有說「我愛你。」
找出影響你下結論的心智模式、情緒或直覺	影響我做出結論的假設、過去經驗或心智模式是什麼？	派翠西亞過去曾在戀愛中受傷，因此非常敏感。她發現要信任另一半很困難。
評估隱含假設和決定其合理性和用處	這些假設的合理性或用處如何？我可以用哪個部分的過去經驗，作為有用的參考點？	將過去經驗投射於目前的情況無法看清楚事情。只因為山姆沒準時打電話，不代表他像前男友一樣欺騙她。
培養新的思考方式	什麼是不同的思考方式？我們對此情況做出什麼新的結論？我們合理和有用的操作假設為何？我們的目標和評估標準為何？	派翠西亞可以先相信山姆，給他時間溝通。與其往最壞的情況想，有沒有可能他晚點打來是因為他要送花給她一個驚喜？派翠西亞在乎山姆，想要保有這段戀情。

選擇客觀反應或方法	什麼是客觀的反應/方法？什麼是可能後果？	等到下班後和山姆溝通。信任他，姑且相信他。
採取有效行動	如有需要，溝通其過程。	先不做什麼，等山姆聯絡她。

後記：在這個例子中，山姆因為車子爆胎上班遲到的事感到自責，他明知道輪胎都磨平了，還拖了好幾個月沒換新輪胎。他打電話至公司告知主管會遲到，但他不想讓剛交往的女友知道自己有多蠢。這是他遲疑打電話的理由。即使他打了電話，他還是覺得自己很蠢又很丟臉，所以他沒有講很久，也忘了說「我愛你。」山姆打算晚點再打電話給派翠西亞解釋一切，但派翠西亞反應過度，設想了最壞情況，並且認為她要保護自己免於傷害，所以主動聯絡他提出分手。如他們所說，後見之明是二十比二十，毫無偏差。以你的觀點來看，你可能很容易想通整個過程，並應用於這些主觀的極端例子。然而，情況如果發生在你身上，管理自己的內在主觀性可要加倍困難。重點是投入時間參與客觀決策過程的各項步驟，以期增加你的客觀性和整體效力。我們在下一章會專注於架構的第二項因素：當下的客觀，當事情發生得迅雷不及掩耳，你要如何做出周到、謹慎和有效的反應？

行動計畫：練習三

反省你在練習一所描述的情況並完成此架構：

收集和接受事實

- 該情況的事實是什麼？
- 我真正知道什麼？

找出影響你下結論的心智模式、情緒或直覺

- 影響我做出結論的假設、過去經驗或心智模式是什麼？

評估隱含假設和決定其合理性和用處

- 這些假設的合理性或用處如何？
- 我可以用哪個部分的過去經驗，作為有用的參考點？

培養新的思考方式

- 什麼是不同的思考方式？
- 我們對此情況做出什麼新的結論？
- 我們合理和有用的操作假設為何？
- 我們的目標和評估標準為何？

選擇客觀反應或方法

- 什麼是客觀的反應 / 方法？什麼是可能後果？

採取有效行動

- 如有需要，溝通其過程。

5

壓力下保持客觀

為了提升我們的客觀性，我們必須學會關掉微電影。客觀要求我們要專注用心、處於當下，不帶批判地體驗發生的事。

當事情快速進行中、處於和某人激辯的狀態、處理各種信件的當下，突然有人一臉焦急地走進來，這時候你怎麼辦？在此當下，你可沒時間停下來反思何種心智模式可能影響你判斷情勢。你絕對沒時間徹底思考所有可能的情境，因為你必須馬上回應。

在沒有時間思考怎麼回事的當下，首先要製造適當回應的空間。我們多數人知道自己什麼時候即將產生情緒化反應。我們可以感覺得到。通常杏仁核劫持之前會出現短暫警訊。有些人會感到異常緊張；有些人會心跳加快；有些人心情激動煩亂。在此瞬間，我們反應之前，我們必須趕緊停下來，不說什麼，也不做什麼。抗拒心中所想。相信你對大腦自動反應的理解，知道如果你的大腦叫你攻擊、擊退……那麼你應該反其道而行。告訴對方你晚點再跟他們談、現在不是繼續談下去的好時機。如果沒辦法，那就要求對方把話說清楚，提出一連串的有用問題製造所需空間。

比方說：「我必須正確理解你所說的話，你的意思是……？」如此一來，你在回應以前還有時間恢復鎮定，同時也讓另一方有理由暫停。若是一封電子郵件激起你的情緒反應，先別回信，或如果你寫了回覆，別點擊傳送。建立心理空間非常重要，那是指打斷當下腦中陳述的時間，以此避免不當反應或未來可能後悔莫及的態度。這話聽起來好像沒什麼，但是在你開始挑戰假設或質疑心智模式的過程中，這個簡單技巧絕對能讓你面對當下的「事物本質」，回應得更客觀。我自己經常使用這個技巧；真的很有用。

有個好笑的例子發生在我加強客觀能力的早期階段，那時候我還不是很善於製造回應前的暫停空間。那時我剛被升職，正在做符合「政治正確」的事。我開始例行拜訪、向所有部門主管自我介紹，與他們非正式會面，請教他們對於我的新職位的看法和彼此最適合的合作方式。

有一天快下班的時候，我收到同事的一封信，我和對方本來相約於二週內共進午餐。在信裡面，她公開質疑我至今為止的所作所為，還建議我採取她認為應該的做法。她還傳了副本給所有同儕和其他高階管理團隊成員，包括我的上司，即董事長。我非常氣憤。她竟敢這麼做，我心想。我把這事視為對我的公然侮辱，雖然基於我對客觀的理解，我知道確實還有別的看待方式。但是我非常生氣，覺得受到挑釁。我想要回覆，回報她我從她那感受到的同樣能量，但我知道不可以那麼做。我必須抵抗心裡所想的事，當時就是不要回覆那封信。我知道我的反應真的很不客觀。所以我回家後決定去跑步，把事情置之腦後。但是我越跑越生氣。回到家沖了個澡，吃點東西，決定看影片。也許電影可以分散我的注意力。結果沒有。我沒有在看電影——我在想那封信，一直往電腦方向看，很想起身回覆一封措辭嚴厲的信。我知道這很不對，所以最後我喝了杯酒、吞了二顆阿司匹靈以後，上床睡覺。我把自己撂倒，這招奏效了！我建立了所需的心理空間，如此我不會根據自己的氣憤心情做任何回應。隔天早上醒來喝了杯茶以後，我重讀那封信，回了一封精心打造的信，謹慎和有效的回應（自然還點擊了「回覆所有人，」傳送副本給所有同儕和上司）。當然，我不是在提倡利用藥物或酒精創造更客觀反應所需的心理空間。還有更好的方式。

靜觀（mindfulness）是更好的工具。卡巴金（Jon Kabat-Zinn）是靜觀領域的先驅，他定義此為「一種覺察，以一種持續或特定的方式、在當下刻意為之，由不帶批判心的專注力培養而成。」換言之，靜觀是一種方法，幫助你專注、看清和接受我們生活中所發生的事。我們得以察覺和避免針對日常經驗所做的自動和習慣性反應。卡巴金把靜觀視為「核心心理過程，能夠轉化我們面對人生無可避免的困境時所做的反應。靜觀不是新的觀念；那是我們之所以為人的部分，也就是全然自覺和覺察的能力。」[2]

我們全然自覺和覺察的時候，確實知道我們何時即將過度反應。我們靜觀的當下，隨即擁有了心理空間，並且察覺到情緒變化的時間。靜觀的當下，我們可以察覺自己的心智模式何時受到質疑，何時期望不符合現實，這些都可能引發情緒反應。請記得你是主體。其他都不是你，是你的知識或察覺的客體。如我們所知，這包括你的想法和情緒。身為主體，你有察覺自己想法和情緒的天賦能力，無時無刻，你能夠選擇回應方式。你只是需要培養這種能力。

雖然這需要時間、集中精神和注意力，但你可以獲得凌駕於自動反應的支配能力。但前提是必須在意識和察覺下進行。我們必須很謹慎小心。現實是我們很少存在於當下。如蘭格所言，我們經常處於「自動駕駛狀態，迷失在過去的記憶和未來的幻想中。」[3]就連你正在看這本書的當下，腦子裡可能正在回想一封信或先前的談話，或是預測未來希望發生的事或明天不想發生的事。我們的大腦在一個地方，但身體在另一個地方。這是我們所有人的共同經驗。也是大腦的本質。「大腦產生模仿，也就是帶我們遠離當下的微電影。你曾發現自己在開早會時，突然間思緒飄移至百萬哩遠的地方，重播過去的事件或思考未來可能會什麼發生不好的事嗎？我們很多電影片段都是基於個人的恐懼和心智模式而來。這些微電影每次播出的時候，特別是不好的片段，我們會加強連結當下所播放的事件和與事件有關的負面情緒。」[4]

如果，我們的大腦本來就很少存在於當下，我們要怎麼確認即將做出不客觀反應的時候？其實只要察覺自己內在和周遭發生的變化，我們可以逐漸掙脫內心想法和難熬情緒的糾纏。因為大腦向來被訓練成自動駕駛狀態，它必須要採取有意識的決心和努力，才能注意到眼前發生的事。

為了提升我們的客觀性，我們必須學會關掉微電影。客觀要求我們要專注用心、處於當下，不帶批判地體驗發生的事。麻煩的是，我們會即刻和自動地判斷情況和別人，以及我們自己的想法、感受和行為。我們對自身的經驗反應強烈，特別是有害的經驗，以及我們對此的最初反應。有時候我們思考諸如此類的事，我真是個笨蛋，我怎麼做這樣的事、我在想什麼啊、我再也受不了了。我們的腦子轉了又轉，轉到一個自我批判和經常自我厭惡的地方。有這些東西在腦子裡，我們要如何客觀反應呢？首先，我們要接受而不是拒絕當下時刻所發生的事，這不是指相信或同意人可以不用做任何努力預防該情況在下一秒持續或變得更糟糕。也不是說接受和容許自己的自動和慣性反應，無論這樣的反應可能剛開始感覺有多令人信服或合理。事實上正好相反：接受當下時刻，如此你才能防止外在情況及相關內在反應剝奪你下一刻有效回應的機會。

中斷胡思亂想

值得欣慰的是，我們**能夠**提升自己的靜觀能力。我們能夠培養一種能力，創造自動和立即情緒性反應之間的距離、確認真正在發生的事，並且更客觀以對。就像我們利用規律的運動改善身體健康，我們也可以透過刻意的心智修煉培養靜觀能力。也就是說，訓練大腦在任何時間意識其自身活動，包括察覺微電影的開演時間、注意我們思路的脈絡。靜觀訓練的心智活動會啟動大腦特定區域，提升幸福的感受。你可以應用兩個技巧。

一是正規的靜觀訓練，你必須撥出一段時間練習靜觀。也稱為靜坐冥想（meditation）。第二種技巧不需要特定的時間。卡巴金稱這些為非正規靜觀練習，或稱為行動靜觀技巧。這兩種技巧的目標都是訓練大腦處於當下，不四處雲遊。根據印度教和佛教的哲理，靜坐冥想是改變大腦的焦點、專注於一個物件，收回散漫心思的活動。你也許聽過**內觀禪修**（Vipassana meditation），這是佛教練習專注於呼吸的方法。在自主和非自主神經系統之間的交界處呼吸。在此冥想中，你只要安靜坐著，注意氣息的進出。這期間你不需要控制自己的呼吸，但要察覺它。當我們把注意力放在呼吸上面，不打擾呼吸，呼吸即穩定下來，心靈也隨之平靜。

還有另一個靜觀技巧稱為**聲音靜觀**。靜坐時，聆聽周圍的聲音。[5]不追究聲音來源和由來的名稱和類別。如果你發現自己心思飄移，察覺當下你的思緒跑去哪裡，然後輕輕把注意力帶回此時此地的聲音。

即使你撥不出時間，只要集中注意力於日常所做的某種身體活動，也很容易達到提升靜觀的效果。舉例來說，注意你開車時抓方向盤的力度，或是注意電話轉接所放的音樂。你也可以在特定環境線索下集中注意呼吸，例如等別人接電話、等紅燈、走路、聽音樂或穿衣服的時候。你知道處於爭辯時，你的呼吸狀態或聲音語氣嗎？開始留心這件事。身為主體，你能夠訓練自己的大腦察覺內心所有的變化，於是你可以選擇更客觀的方式回應棘手的狀況。

訣竅在於找到最適合自己的方式。就我個人而言，我發現專注於自己的呼吸，即使只有幾秒鐘，真的能穩定我飛散的思緒。察覺自己的觸感也能幫我專心。我不斷意識到自己接觸地板的雙腳，如果我在開會，我會留意自己指尖彼此的觸感。我練習察覺周遭發生的事，同時在意識中保持觸覺。

「中斷胡思亂想」也是非常有效的技巧。當你發現自己發生情緒反應，而且似乎難以遏止時，中斷大腦的運轉。一名女性主管提到，當她感到挫折，快要說出或做出某些自己可能會後悔的事的時候，她會先離開座位，短暫地散散步，或是跑去泡杯咖啡。她和屬下相處時使用這種「中斷胡思亂想」技巧，結果非常有效。當她察覺屬下有點防衛心和抗拒她的意見，她會暫停一下，邀請員工和她喝杯茶。通常，員工的心情改變，有效的對話也隨之發生。大腦可以一轉再轉。雖然這可能很辛苦，很多人也承認一旦開始轉動就很難停止下來。星期五上班發生的某事引發你的不安，你可能整個週末都在想這件事。請保持警覺，如此你才能意識到何時你的思緒盤旋，然後打斷其運轉，才會在當下變得更客觀。察覺你的觸發點，如此你可以在反應前停止下來，這點非常重要。前一章的練習三可以幫助你找出自己的觸發點。

經驗教訓

只意識到觸發點是不夠的。停止運轉、反轉自己的傾向和當下反應更客觀之後，重要的是事後反思引發反應的原因，以便確認你清楚地了解事情。比方說，在我簽署了五年的總經銷合約以後，外交官警告我要保持謹慎，我當時很清楚地意識到自己的胃抽緊了一下。這代表我確實很迷惘和害怕。雖然當時繼續那場美國產品發佈會沒有問題，但之後我應該反省讓我真正害怕的原因，以及客觀地評估我所有的選擇。更客觀的反應也許包括找出其他獨特的國際性飲料產品，加入我快速成長的經銷管道。我發現個人的觸發點經常給予我們反省的機會，讓我們做出整體上更好的決定，超越觸發情緒的當下情況。把觸發點當作有價值的資料吧！

行動計畫：練習四

當下保持客觀需要處於當下，因此你能夠察覺自己的觸發點。觸發點是針對所經歷的事情產生的心理反應。觸發點是「失去理智」、即「杏仁核劫持」的前兆。寫下你的觸發點。

- 剛要生氣時，你有什麼感覺？
- 剛要沮喪時，你有什麼感覺？
- 剛要哭泣時，你有什麼感覺？
-

完成以上清單，寫下在做出不客觀的反應前，其他可能產生的情緒剛要發生時的感受。

6

改變想法——確認和轉移受限的心智模式

既然我們明白了自己經常會不當詮釋、誤解和誤判事情，那麼有沒有可能我們多數人用錯了自我評價的方法？

截至目前，希望你在練習於當下變得更客觀，並且創造所需空間，因此沒有送出那封傷人的郵件或是用輕蔑的語氣回應同事。身為更客觀的領導者，我希望你在製造時間質疑個人的隱含假設，並且培養新的思考方式應對每天的挑戰。

本章我們著重於客觀架構的第三個組成要件：**長期性客觀**。以更客觀的態度處理日常互動和計畫固然成效卓越，然而要成為真正客觀的領導者，需要的是確認和轉移有限、無用的心智模式，因為這些模式導致我們在第一時間做出無效反應。在此做個扼要說明，我們的心智模式形塑我們的世界，造成我們無數的過度反應和自動反應，導致事後懊悔不已。這些心智模式可能讓我們不斷陷入舊有思維和行動的循環，經常和我們有意識的目標唱反調，妨礙我們發展前進。有鑑於此，本章的重點放在「轉化」。大腦的神經可塑性賦予我們實際重新連結神經網絡的機會，我們可以用新的思維方式增加整體的成功和幸福。

轉化學習是克服有限和無用心智模式的有效程序。韓森在心智模式方面有廣泛研究，他將轉化學習定義為「批判性反思個人行為和隱含假設的過程，並且培養因應環境全新、更有效的理解和對應方式。」[1] 他聲明心智模式會隨著挑戰既有心智模式的困惑事件而改變。舉例而言，如我們所知，失去百萬美元絕對能夠讓人重新思考問題。靜觀有助於處理結果，轉化學習能夠幫我們看待根本原因——刺激第一反應的心智模式。

常見的心智模式

因為我們很多的心智模式是潛意識的產物，所以識別上十分困難。最好的入門方式是觀察最常見的心智模式。二〇一〇年，我和巴布森學院一名企業管理碩士生和統計學教授合作一項內部研究計畫，主要研究心智模式對於管理、領導和決策方面的作用。我們假設特定的心智模式確實會影響個人和專業的行為。有些模式通常有用，有些則毫無用處。我們假定不適用於某人的心智模式，可以透過一系列的活動、技術和工具得到轉變，或是可以獲得新的心智模式。我們的研究目標是調查以下問題：

- 職場上最佔優勢的心智模式是什麼？
- 心智模式可以轉變嗎？
- 既使沒有意識到擁有某些心智模式也可以轉變嗎？
- 通常刺激心智模式轉變的因素是什麼？
- 心智模式轉變如何影響專業行為，也就是管理實踐／領導風格？

- 心智模式轉變如何影響個人行為？
- 「巴布森客觀學程」如何有效確認和轉移無用和有限的心智模式？

我們在課程前後進行了網路問卷，數百次私人訪談、以及和學生和研討會成員一對一開會。根據結果發現幾個常見的心智模式。這些你是否聽起來很熟悉呢？

一、外在認可：我需要別人喜歡我，認為我很聰明

如果你跟多數人相同，那麼你會很在意別人怎麼看你。根據調查顯示，百分之六十二點二的人回答他們的自我價值和別人的看法有緊密關連。我們經常忘記，每個人因為自己腦海中無數的影響，一直在瞬間批判、分類和回應他人。一般我們被批判和回應的方式，都和我們本身沒什麼關係。

想像這個畫面：一名穿著灰色洋裝的高挑女士從我旁邊經過。瞬間我覺得自己不喜歡她並且想要避開她。為什麼？因為她讓我想起一名老師，三年級時她叫我背誦獨立宣言，當時我嚇傻了。那是我最尷尬的經驗，而那位老師的形象到現在還深植腦海，無法磨滅。因此，每當我看見穿灰色洋裝的高挑女性，大腦就會把當時尷尬的時刻叫

回來，而現在任何讓我想起那名老師的人，我都會產生負面的第一反應。我們的大腦基於過去發生事件的記憶，在當下瞬間做出反應。你問自己：你有時間擔心別人對你的第一反應嗎？當這個反應和你毫無關連？最重要的一點是，你能夠容許讓別人對你的看法形塑你對自己的看法嗎？

很遺憾，我們多數人難免如此。社會心理學家庫利（C. H. Cooley）和舒伯特（Han-Joachim Schubert）在其著作《自我和社會組織》中將此現象稱為**鏡中自我**（Looking-Glass-Self），其摘要如下：「我不是我所認為的自己，我不是你認為的我；我是我認為你所想的我。」[2] 在多數情況下，我們選擇和自己重視和尊重其意見的人來往——心理學家稱這些人為「內團體（in-group）」——我們渴望他們的認可和肯定。這個內團體的意見形成我們評估自我、接納自我的基礎。但就我們目前所知的問題是如果你的自我概念來自於你認為別人所認為的你，那麼你會一直很容易受傷。你的自我概念沒有真實的基礎。如果別人那天很順利，對你的態度親切且肯定，你心情就會很好。如果不是，你懷疑自己做錯了什麼事。我們立刻想要根據我們認為別人想要的東西，投射自己的形象，但既然我們真的不知道他們想要什麼，我們其實真的在做的是決定我們認為他們想要什麼，然後設法投射那個形象。這是沒有勝算的遊戲。

以「強納森」為例，他是三十出頭、非常精明的白人男性，金融服務機構的資深分析師。強納森提到，他很難承認自己的快樂有多少建立於別人對他的看法上。關於這種共同經驗，奇怪的部分是我們尋求認同的同一批人，同時也在尋求我們的認同。這是幾乎所有人被社會化的方式。強納森進一步說明他的外在認可心智模式：「我總是尋求其他人的認可，特別在工作方面，這樣我才知道自己做的事沒錯，一切在正常軌道上進行。沒有別人的認同，我自動以為他們不贊同，我開始質疑自己的行動和信念，變得很不安。」如我們之前所知，事情的癥結點在於我們以為別人怎麼看我們的假設往往都是錯的。看到別人做出討厭、突如其來的行為，我們以為那個人一定在對自己生氣，所以我們應該去找出自己得罪他們的原因。四十歲的「蘇珊」是一家全球醫療公司的資深專案經理，她形容過這種普遍的經驗：

> 我是專案經理，負責執行一項備受矚目的全球項目，我和我的小組負責更新通訊基礎設施，提升我們全球三十二個國家的衛星辦公室通訊。所有人都在關注我們。因此我每天都處於緊張和高壓的狀態，必須一直力求鎮定和推展計畫至完成為止。我的經理事必躬親，因為這個項目備受矚目的緣故，我每天下班前都會寄給他一份最新進度報告，以便他知會長官最新進展。所以他都會回覆我所有的更新報告。可是這次我寄的更新和狀態報告，沒得到任何回覆。我馬上開始緊張了起來。接下來的問題飛快在我腦中打轉：經理對

這階段的結果不滿意嗎？有人聯絡經理，說我把事情搞砸了嗎？我搞錯最後期限了嗎？我錯過最後期限了嗎？不幸地，這正是立即竄入我驚慌內心的想法。在接下來幾個小時，我的想法變得更負面。我決定跑去經理辦公一探究竟。等我靠近經理辦公室，在轉角附近聽到他辦公室的門啪嗒一聲關上。我在門關上前看到他的眼神，他臉上的表情我解讀為扭曲。我的恐懼程度攀至新高。就是這樣了，我心想，我完蛋了。我永遠沒機會完成這個項目，我永遠沒辦法再負責其他項目，或是沒辦法在公司做到下星期。我立刻傳簡訊給身邊的幾個同事，看看他們對於這件事有什麼深入看法。他們的反應一般是如此：「我不知道，他今天心情很糟，辦公室的門一直大聲開關，我們搞不好都要被解雇了。」我從座位起身；我再也受不了了。

如果我犯了錯，至少他可以當面告訴我。我敲了他的門。他打開門說「幹嘛？」我看到他在講電話，他說等他講完電話再通知我進他辦公室。我離開時關上門。就是這樣了，我心想，他在批准解雇我的事，接下來二十分鐘就要生效了。過了一小時，我在座位上因為害怕動彈不得時，他打來請我進他辦公室。我裝出勇敢的表情，或是說鼓起最大的勇氣。我進入他辦公室一坐下來，他幾乎馬上說，「今天真是艱難的一天。我女兒克蘿恩的病發作，我太太必須帶她去急診。我在一小時內要離開去接他們。」我的臉一沉，趕緊為了之前在他關上門時打攪他的事道歉。他對我說，「沒關係，如果我突然關上門，別把它當作針對個人。」他露出一些笑容，讓我覺得安心一點，雖然我擔心他在笑我。然後他繼續讚美我完成了這個項目的近期里程碑。我很高興地道謝，表示下次如果沒有立即收到他的回饋，不會這麼快下判斷。

像這樣的故事我聽過無數次，根據我看到的情況、所以它是什麼，然後變成它不是什麼。幸運的話，我們最多失去幾個小時的生產力，讓自己白擔心一場；最糟的情況是，我們無可彌補地傷害自己的名譽和事業。

經驗教訓

對我而言，發生外在認可心智模式的情況略有不同。我的自我概念絕大部分來自我所扮演的角色。你應該還記得我的故事，剛開始我是美國運通小姐，後來我變成果汁夫人。我如何自我評價；同樣重要的是，我以為自己之所以被他人評價、欣賞，以及在有些情況下被喜愛，是取決於我擁有的工作、我所擔任的角色，以及我所擁有的頭銜。我的自我概念沒有任何基礎，建立於隨時可能改變的角色之上。因此，我總是很容易受傷。我無論如何都要緊抓住那個角色，我需要其他人認可這種自我概念。當我回頭檢視傳送給南非的傳真，我覺得很羞愧，我寫了好幾次有個認識的人非常欣賞我。因為需要外在認可確實可能讓我失去了理智，無法有效減低供應商的風險。我形塑世界的觀點是不計任何代價守住我的職位，因為若非如此，我會變成什麼人？讓產品組合多樣化是更好的商業模式，但或許在我的心中，它無法讓我拯救南非。對社會企業家而言，即使你的社會使命很讓人佩服和很有意義，首先你必須擁有永續經營的商業模式。

二、好勝心態：我不斷藉由和別人比較，決定自己的價值

我們多數人都有此心態，最後經常覺得自己很糟糕。我們的價值觀具有相對性，取決於別人過得好不好。有些人認為職場上的人都是競爭對手。為了提昇自己的自信，他們必須看起來比別人更聰明和獲得更多成果。對有些人來說，永遠保持正確變成一種需要。有些人會不斷爭辯、喋喋不休、設法證實自己的觀點，就算他們的立場其實很薄弱。事實上，很多人經過社會化以後都認為，如果我們不是最好的，不管我們從事任何行業，如果我們不是金字塔頂端百分之一的人，那麼我們就不夠好。為了強化這個已經很普遍的心智模式，社會在各個方面建立競爭層級。

想想看「績效評估」這件事吧。很多人費了一番苦工才明白，如果我們沒有得到「超乎預期」的評價，或在一至五級評分中得到三級分以上，我們不但拿不到最高獎金，也無法得到進一步升遷——或甚至加薪。中學生多數得到的訊息是，如果他們的平均學業成績沒有達到四，即入學考試的第九十九個百分位，而且在體育方面表現突出和參加過社團，他們上不了任何大學。如果我在生技研究公司上班，身邊的人都同時擁有博士和MBA學位，而我只有博士學位，那表示我還不夠傑出。

這種競爭層級讓人感到疲憊，而且很早就開始了。接下來這兩個人將形容這種特殊心智模式如何在他們身上形成。

「胡安」是來自南美的三十多歲男性，他無法依循傳統教育和許多同輩的事業規劃。儘管在有些情況下，和工程業的同儕相比，他表現得一樣好或甚至更傑出，他還是覺得受到好勝心智模式影響，他這樣形容：「我會一生竭盡所能達到最好的狀態（賺更多錢），所以我不會再覺得不如別人。這樣的結果是我投入很多時間工作，沒有時間和家人相處和照顧自己的健康。」

「林舒」是接近三十歲的亞洲女性，家人和社會的壓力總是影響著她的表現，她這麼說：「我生長在這樣的文化，我不斷被批判，根據我個人的表現，也和別人的表現相比，我養成習慣依據其他人的表現成績來批判自己。我也形成一種優良表現的偏頗觀點。別人沒有認可，表示我還不夠好。基於這些偏見，我變得相當依賴外在的認可。」

三、完美主義者：每件事我都必須做到完美

在一場女性高層主管研習會中，有位女性舉手說，「我有完美主義心智模式。追求完美是好的心智模式對吧？」我回答，「這對你有益嗎？」她回答，「我覺得很累，我的孩子都不跟我講話，丈夫即將離我而去，工作也要不保了。」我說，「這麼說，顯然完美主義對你無益。」她表示同意。然而，主要的問題不在於以經驗判定心智模

式是好是壞；問題一直是這模式適合你嗎？採用一個你認為很好但實際上根本不適合你的心智模式，毫無用處。完美主義的心智模式顯然不適用於這位女士。可是我們許多人還在其中掙扎。有些人還在自己面前佈滿障礙，這樣他們可以一一克服，證明自己很完美。甚至等他們超過長官或同儕的期許時，他們還不滿意；他們為自己訂立嚴格的目標，繼續挑戰自己精益求精。他們不斷提高標準。

「卡洛琳」是位二十五歲左右的聰明女性，在研究所研習金融專業，她形容自己的完美主義：

> 就我記憶所及，我一直必須追求完美，必須讓朋友、同事、所愛之人，更有挑戰性的是包括我自己，都認為我毫無瑕疵。我的完美主義者角色如同雨傘的作用，覆蓋和指引我生活各個層面的思想、行動和目標。我相信力求完美的整體需求，無論好壞，形塑了我今天的模樣。……我深信我的完美主義這種選擇進行日常生活的態度，以及我個人的價值，成為我目前成就許多人生目標的主因。通常我的完美主義心智模式導致我必須「全能」——完成所有指派作業、出門和朋友吃飯、每週上健身房運動、房子一塵不染，即使當天時間根本不夠用。此外，我經常比別人花更多時間完成任務，因為我認為傑出的工作需要花很多時間完成。只要我成功及時地完成任務，我就會認為自

己不夠盡心盡力。我的完美主義心智模式也阻礙我獲得個人滿足和喜悅的感受。我常發現自己受困於細節，無法注意到大方向，強調不好而不是好的方面，很擔心行動的結果，而不是覺得自豪和滿意。

這種模式同樣也發生在「沃爾特」身上。他四十出頭，婚姻幸福，有二個女兒，在一家大型工程公司上班，是非常受人敬重、表現傑出的專案經理。他說：

在自我評價方面，我為自己所做的每件事設定很高的標準。在職場上，我非常認真工作和取得成果。我對工作很自豪，總是不斷努力求進步。這方面從我獲得的升遷和獎金可以看得出來。在家裡，我盡力成為最好的父親和丈夫。別人注意到我是很居家的男人，非常讚賞我。身為完美主義者的缺點有二方面：只要有人對我的工作有意見，我都會豎起防衛，我的反應程度通常相等於我認為他們想要攻擊我的程度。我認為他們針對自己而來，即使在有些情況下，我不應該那麼想。這事一定會讓上司對我的過度反應有些意見，他們認為別人只是純粹就事論事。

另外一種發生的情境和我孩子有關。對我來說，我的孩子是最棒的孩子，他們差不多等於奇蹟。任何加諸在我孩子身上的不同評語，我都會抱持很主觀的態度。我關上耳朵，拒絕接受任何關於孩子的批評。結果我和妻子的關係變得很緊張，她在這方面比較客觀。我的完美主義心智模式把求助當作示弱。讓我變得更沒有同理心，尤其是涉及我妻子的事。更糟的是，擁有這種完美主義心智模式，我有時候會以自己的標準衡量別人。因此，別人通常無法滿足我的期望，我對他們變得很嚴苛。我承認這是不對的，而且我很難接受別人原來的樣子。

讓我再舉一個例子。「羅傑」是個很聰明、表現優秀、三十歲左右的單身男性，最近他回到學校一邊就讀MBA，一邊在一家新興企業上班。他如此形容自己的完美主義心智模式：

我用來描述自己、也是其他人形容我的字眼，就是完美主義者。這跟我需要成就感有關，我想要達到高標準。我對自己的高標準，通常大於其他人——老師、長官、家人、同儕——對我認定的標準。既然努力工作、聰明和成就是形成自我概念的組成部分，我非常努力滿足自己對於如何維持這些美德的期望。相對變數是我要冒險的程度。我通常期望中間值，不要太小也不要太大。風險太小會導致成就感無法滿足，因為困難度太低，而風險太大會導致動彈不得，因為我不想開始一項可能導致失敗的計畫，或至少無法符合我自己的目標或我認為別人為我設定的目標。有時候，我的完美主義傾向接近執迷程度，因為我會花過多的時間思考工作或課業計畫，或是面對人際關係情境的方法，但其實如果我能迅速和有效地對應，可能更有效果。

儘管「決心成為完美主義者」是這類人首要的心智模式，但有趣的是看到這種模式的不同呈現方式。值得一提的是，心智模式可能有其正面和負面作用。例如，卡洛琳覺得她的完美主義心智模式是正面的，因為她認為這是她獲得成功、保持動力和集中注意力的關鍵。但另一方面來說，她認為自己的完美主義心智模式是實現個人滿足和喜悅的障礙。

四、控制心態：我必須能控制自己的環境。我的自我概念取決於我能夠控制他人和

結果的能力。

多數人都有控制的需求。在我們的調查中，百分之六十七的應答者表示有強烈的控制需求，百分之四十四的人表示他們的自我價值經常與控制情況的能力有關，而百分之十九的人說他們的自我價值感更常與控制情況的能力相關。我很訝異比例沒有更高，畢竟我們都非常社會化。從早年開始，我們就被告知結果最重要。蘭格稱此為「成果教育」並提出這是我們變笨的其中主因。「從幼稚園起，學校的重點一般都擺在目標本身，而不是達到目標的過程。一心追求一個接一個的成果，從綁鞋帶到進哈佛，我們很難對生活保持用心或客觀的態度。孩子以成果導向展開新的活動時，首先想到的可能是「我可以做到嗎？」或「我如果辦不到怎麼辦？」之類的問題，建立關乎成敗的不安想法，而不關心孩子自然豐富的求知慾。」這種控制心智模式有各種表現方式。這裡舉幾個例子。

「莎莉」是三十歲左右的單身女性，非常認真工作也很有同情心，她在大型非營利機構上班，她說：

> 除了我的完美主義心智模式，我發現我的思維和行動常常由控制心智模式決

定。作為達到完美的工具，我說服自己，我能夠繼續完全掌控自我、他人，以及在人生某個特定時間點發揮某種作用的所有事物。因此，合理的邏輯是，依照這個控制心智模式，我應該可以管理行動的成果以及身邊所有人的行動。雖然我心知肚明，這不是實際可行的信念，但我的完美主義和控制的心智模式製造了不同的幻覺，結果把自己引入絕路。

「麥克」年近三十，是個性熱情、外型帥氣的年輕企業家，他形容自己：控制狂。吹毛求疵的主管。沒辦法放手。認為凡事針對自己而來。固執。嚴格回想我過去一星期的經驗，這些都是我會拿來形容自己的字眼，而我猜想別人也這樣認為。我好像一直想要控制，不然就是最後處於想要控制的狀態，不管我最後處於何種狀況。在各方面來說，這促使我成為一名領導人，但這並非沒有害處。因為一路成長過來，我都覺得自己無法控制自己的人生，在某方面來說，我可說矯枉過正，一直讓自己處於感覺可以控制一切的情況。連我太太在開車時，我也不會乖乖表現得像乘客。

經驗教訓 **我的成果控制需求影響我所有的事業經營。我一直想強迫事情變成我所想要的樣子。我想要大家以我想要的方式回應我：比方說，我想要其他供應商同意我的行銷計畫。我不接受他們實際上有不同看法，反而繼續設法說服他們。我希望供應商以我想要的方式看待事情，以我想要的方式採取行動。我沒盡力了解他們的看法和動機，我反而想要證明我的策略、我的方法才是最好的。**

五、沒有安全感：我不夠好──我無法接受原本的自己，我有其限制。

我發現很多人不分年齡、行業和事業地位──從公司董事長到中學實習老師──都擁有一種最有威力和最普遍的心智模式：打心底相信自己實在不夠好，我在某方面有所限制，我無法完全接受自己。我可以更好。更驚人的是大家如此樂意和公開承認這一點。看來這是我們多數人的基本心智模式，而且它潛藏了許多思考的惡性循環，也是我們多數人經歷過的厲聲批判。這種心智模式形成我們自我概念的基礎。你每天折磨自己幾次呢？你多常擔心別人可能會怎麼看你？我們可能對自己非常嚴厲，也許這是因為在內心深處，我們覺得自己不夠好。

這裡有幾個例子說明這種模式如何發生。

「阿妮卡」是二十多歲的印度女性，父母在她三歲時移民美國，目前她是一家領先科技公司的頂尖業務主管。她描述自己的模式如下：

我有強烈的「我沒有能力／不夠好」心智模式。在我成長的過程中，父親因為太擔心我，對我非常嚴厲，他想要確定我為自己選擇最好的路，希望我可以平安長大自給自足。雖然他是為我好，但他不斷的批評讓我心中逐漸建立起一種觀念，也就是犯錯是很嚴重的事情。隨著我上私立小學出現了更嚴厲的批判和評論，這個想法多次不斷地加強。畢業時，我唯恐犯錯，於是產生自己的批判聲浪，這樣我可以在犯錯和不好的事情發生以前，對自己提出足夠的警告。那種聲音非常地殘酷。

「雪倫」四十多歲，在一家醫療設備公司的研究部門工作，是非常聰明和能幹的女性。她將自己的「我不夠好」和外在認可與好勝心智模式做了以下連結：

我認為我有非常普遍、或許是與生俱來的「我不夠好」心智模式。我習慣不斷拿自己和身邊的人做比較，情況嚴重到我老是發現別人在任何方面都比我優秀。這讓我收到正面回饋時覺得很不自在，因為我不相信他們對我的正面評價。這種心智模式建立了一連串的負面思考：比方說，接受讚美時（或任何正面回饋形式），我立即變得很侷促。我在心裡找理由反駁其讚美，我的身體語言明顯地表現不自在。我的腦海浮現如「他不知道『真正的我』」或「她說錯了，因為有一次發生了某某事」的想法。我很難阻止這些負面思潮湧現。

「杰羅德」，三十多歲的倫敦人，一邊當顧問，一邊進修ＭＢＡ課程，他如此說：

我的主要心智模式是認為和相信自己不夠好。在擔任顧問的職場生活中，我會對於某些狀況非常主觀大多是這個原因。這種模式剛好也影響我工作以外的生活，例如學校生活。在多數情況下，我很怕無法符合自己的團隊、長官或老師的期望，因為我以為自己不夠好。所以這通常導致一種心理狀態，我變得更在意表現不好的恐懼和可能發生的負面結果，而不是實際的工作／任務。基本上，我一直在編造很多根本不存在的東西。一方面，這會讓我不滿意自己的情況，工作／生活也少了很多樂趣。諷刺地是，這也讓我無法達到工作的最大效率。

為什麼我們這麼多人陷入同一種心智模式的折磨？經歷過創業失敗迷惑事件以後，證實了「不夠好」只能帶給人不安的感受，於是我開始找理由改變這種想法。為此我溫習了社會心理學家、精神科醫師、宗教領袖和哲學家所提出的一些理論。其中我最相信的是薩拉斯瓦蒂（Swami Dayananda Saraswati）提倡的理論，他是知名的梵文和稱為吠陀哲學（Vedanta）的古代哲學學者。他開始先假設我們都是自我察覺、自我批判的人類，可是在兒童時期，我們進行自我批判的唯一方法是透過照顧者的雙眼。我們完全信任那個人。他們就像我們的上帝一樣：全知、全能、無所不在。我們的生存依賴這位如神般的人物。如果我們很幸運，照顧者每天抱我們、餵我們、幫我們洗澡和陪我們玩。我們因此覺得安全、溫暖和快樂。

正值早期發展階段的孩子，需要隨時看得到照顧者，確保自己的安全。當你跑離母親視線範圍三呎以外的距離，她會跟你說「沒事、沒事」嗎？你帶著自信回應，然後跑到走廊探索新鮮事物。然而，有一天那個如神般的人物，無可避免、無意地背叛了那種信任，或許是不再給你曾得到的關注。或許是他們太晚回家，你肚子很餓，而他們對你的哭聲沒有適當的回應。或者更糟的是，或許他們一走進家門，因為太專心想事情而忽略了你。無助的孩童要如何因應這樣的改變呢？由於認知能力還在發展階段，他們很可能會感覺自己必然做錯了什麼，因為他們賴以生存的全知者「上帝」不會犯錯。

很多人將這種必然發生的經驗內化至我們的潛意識，作為我們不夠好的證據。於是它深植在我們龐大的神經網絡中，在每回感到失望時再次加強。擁有這種潛意識心智模式的孩童，不斷尋求父母的認同，有些變得非常依賴照顧者的認可，從不想離開他們的身邊。很多人變成大人以後，過著父母希望和期望我們過的生活，因為父母的認同是我們自我價值的唯一基礎。其他人尋求家庭以外的認可，如老師、其他孩子和大人。這種認同需求常常持續至成年時期，甚至一生。這個故事和英國精神病學家鮑比（John Bowlby）所提的**依附理論**（Attachment Theory）有密切關係，此理論提出，孩童在人生發展的前幾年階段，情感上的安全或不安感，終其一生強烈形塑情緒的穩定性、自我形象和對他人的態度。[4]

客觀性研究最有趣的觀察就是這些不安彼此的連結：「我不夠好」模式和其他外在認可、好勝、完美主義者和控制的心理模式。如果我們回到心智模式的整體理論部分——也就是我們相信的事物是我們即將體驗的事物，以及大腦建構和強化我們神經網絡的心智模式——即可以找到有趣的關連性。其假設是，既然很多人知道認為自己不夠好的感覺很不愉快，為此我們要設法培養其他可彌補的心智模式、信念和行為。這樣的例子包含：

- 我要成為完美主義者，這樣我才會變得夠好。
- 我不能求助，因為求助代表我很脆弱，我不夠好。
- 我會比任何人更有成就、更加閃亮，這樣我才能覺得自己夠好。
- 我要控制無法控制的事物：人、情況和事件，這樣我會感覺自己夠好。

但問題是，不夠好的感覺在神經網絡中有很強的連結，因為這通常和早期階段強烈的失望感有關；因此，非常難以彌補。沒錯，這些制衡的心智模式往往最後還強化了主要的心智模式。舉例來說，如果你打從心裡相信自己不夠好，那麼變成完美主義者反而適得其反，因為事情總有出錯的時候。當你決定必須控制別人、情況和事件，那麼無法控制時，你會覺得沮喪和不足，到頭來更強化了自己不夠好的心智模式。我們多數人會陷入這樣艱難和持續反覆的循環裡。然而，這一切都在我們腦中運作，是一個設定，我們的大腦提供我們主要的信念！所以重要的是認清和轉化這種普遍但通常讓人氣餒的心智模式。你可以換個方式看待自己，以及生活中所經歷的事物。你是自己的主人！

既然我們明白了自己經常會不當詮釋、誤解和誤判事情，那麼有沒有可能我們多數人搞錯了自我評價的方法？我們已經知道這種常見的「不夠好」心智模式並不適合我們使用。有沒有可能我們搞錯了？有沒有可能我們多數人對自我價值和評價有普遍的誤解？難道我們每個人其實都夠好了？這想法很好！如果你憑著自己真的已經夠好了的認識和理解建築自己的世界，人生會變得怎樣呢？讓我們回頭想想自己對客觀的定義。客觀是認識和接受「事物本質，」沒有把自身的恐懼、心智模式、背景和經驗投射於「事物本質。」因此，增加客觀需要你重新思考和架構思考自我的方式。

大致看過發人省思的常見心智模式以後，接下來你要找到自己獨有的心智模式，評估並轉換不再適合你的模式。

找到自己的心智模式

為了確認阻礙看清事物本質和客觀回應的心智模式，我們需要經歷自我反省的過程。這個過程都包含在本書的練習裡，已經通過課堂和研習會的證實很有幫助。在第二章的練習一，我請你們反省一次較不客觀反應的情況。問自己為何認為以某種特定方式和其隱含假設，有助於找到受限的心智模式。

比方說，如果你在工作中不斷批評別人並開始得到反彈的結果，你可能具有控制的心智模式。如果你老是看到信中的不當語氣和假定某人一直在批評你，這表示你可能擁有完美主義的心智模式，或是沒安全感：「我不夠好」的心智模式可能正在主導你的反應。例如，你經常假設別人不把你當一回事，或是暗中算計你嗎？

你的世界觀大多取決於你對自己的根本想法和感覺。如我們之前所見，你的自我概念，反而經常由別人對你的看法，和你認為別人對你的看法形成。因此，在第三章的練習二，我們請你寫下對自己的看法，以及你認為別人對你的看法，然後反思你是否同意別人的意見。這個練習一般會引導人找到他們各種的心智模式，那些模式大致主導他們的人生態度。

第三種反省是**關注自己的想法**，也是第三章練習二的部分。既然你是主體並知道自己的想法，請記錄至少一個星期期間反覆出現的想法。你一再思考或回想到什麼？那些思考的語氣如何？是正面和贊同的？還是針對自我、他人或兩者的負面批評？

此外，既然你察覺了自己的恐懼，第四種反省是藉由完成第三章練習二的最後部分，**揭露自己的恐懼**。寫下你害怕的事情。如我們所見，恐懼有時候和本身以外的某件事或某個人有關，以及和你對某事或某人的負面認定有關。當你想要或期望的東西和事實不符時，恐懼也會產生。想想你害怕什麼，然後思考讓你害怕的隱含假設。同時，寫下你目前在此人生階段想要和期望發生的事情。接著如果你想要或期望的事情沒有發生，記錄每件你認為會發生的事情。我們再列出一次這些練習讓大家使用。

行動計畫：練習一

測量你目前的客觀程度和找到你的熱點（偏向主觀的時刻）

- 開始加強客觀性的過程前，請先評估你可能比較主觀的反應頻率：
- 你對狀況反應過度的時間，是一天、一週或一個月幾次？
- 你認為事情針對自己的狀況，是一天、一週或一個月幾次？

等你知道自己認知錯誤的頻率，下一步馬上找到你的熱點，確定哪一種情況或互動之下你最難以客觀。描述你難以客觀的一種專業情況。寫下你對下列問題的回答：

- 發生事件的客觀現實是什麼？
- 認知錯誤是什麼？你認為發生了什麼事？

- 你的反應如何？
- 回頭想想，可能比較適當的反應是什麼？
- 這事讓你付出了什麼代價？

請以一個私人狀況重複此練習。

行動計畫：練習二

你對自己深信的部分是什麼？

你建構世界的方式，直接和你對自己的認定有關。一般來說，我們的自我概念或我們認定的自我，是我們所認為和別人所認為的加總。因此，請寫下：

- 你認定的自我，比方說，我很聰明、我很勤奮、我很親切……
- 寫下你認為別人認為的你。
- 注意你自己認為和別人認為的差異。你認為有所差異的原因是什麼？

你的思緒，形成了你是誰、你如何感覺，並且經常支持隱含的心智模式。思考和察覺你的思緒。寫下：

- 你思緒流動的內容。
- 你的思緒是鼓勵型、中立，還是不鼓勵型？
- 如果你有些想法很批判性或嚴厲，你會對自己說什麼？
- 那類想法的潛在心智模式或信念可能是什麼？

關於恐懼：

- 你害怕的東西是什麼？
- 什麼樣的心智模式或隱含假設讓你如此怕它？
- 你希望或預期發生什麼事？
- 如果你希望或預期的事沒有發生，你認為會發生什麼事？

回想這四個參考點：（一）你表現比較不客觀的情況，（二）你對自己的看法和別人對你的看法，以及彼此之間的可能交集；（三）你一般的思考內容；以及（四）你害怕的事物和害怕的理由。這些都是很有用的工具，有益於找出可能妨礙你前進的心智模式。

一旦你省思過這四個參考點，再回頭思考本章提過的常見心智模式也很幫助：外在認可、好勝、完美主義者、控制和不安感：「我不夠好。」這些模式有任何一個或綜合起來的部分，聽起來很像你嗎？怎麼說呢？基於這四個參考點和常見舉例，請設法清楚說明你覺得不再適用的心智模式。拿一張紙寫下這個問題的答案：你打從心裡相信的真實自己和世界是什麼？以下是研習會和課堂參與者清楚描述的幾個非常特定的心智模式：

- 假如或等我有了孩子，我的事業將滿佈荊棘，別人會認為我比較不會認真投入工作。
- 我必須專精於每一件事。知道所有答案代表有能力和才智。
- 戀愛中的男性應該是主導的一方。
- 時間和機會有限，所以我必須努力達成想要的目標，不然就永遠不會成功。
- 不管任何時候都不能加入情緒考量。情緒會阻礙理性思考和周全的判斷。是懦弱的象徵。正如人可以控制身體，應該也可以控制情緒反應。

一旦清楚說明了個人的心智模式，重要的是再次思考你何時形成某個或有些模式。在課堂和研習會上，我提供主管訓練，幫助參與者找出他們想要扭轉或轉變的主要潛藏心智模式。使用這四個參考點，我們往往能夠發現過去的某個情況，有時候還一路回溯至他們的孩童時代，引導他們做出最終建構其世界的結論。這種孩童經驗往往會引起對方強烈的情緒，建立堅定的心智模式，並在對方的記憶中強化。重點是你對這個情況的反思，因而能夠了解和接受當時自己所建立的隱含假設。

一般來說，你兒時所做的假設很合理，不管該假設實際上是真是假。對你而言重點是知道你完全是無辜的，基於那些情況，你不可能做出不同的結論。如果你有差不多同齡的孩子，請你自問，在同樣的情況下，我的孩子會怎麼想？那些情況可能是我孩子的錯嗎？我的孩子可以做出不同結論嗎？只要你能夠明白自己形成的心智模式，在那些情況下是可以理解的，接下來你就可以決定，你不再適合採用同樣的觀點建構自己的世界。有了這層認識而接受自我，才可能發生真實的轉變。

轉換你的心智模式

一旦確定了不適用的心智模式並能夠清楚表達出來，接下來就是要轉換你過去的心智模式。關鍵在於懷疑、反駁和認為目前的模式無效，並且發展更適合自己的新思維系統或心智模式。

知識是最有威力的轉換催化劑，你可以利用新的資訊或邏輯挑戰舊有的心智模式和思維方式。

如我們所知，心智模式是根深蒂固的信念、想法和概念，我們不論如何都謹守不放。這些模式通常跟了我們好一陣子，所以我們大多很相信，有些情況下還視為理所當然。我無法告訴你，你的完美主義心智模式對你不再適用。你必須透過自己的邏輯和推論，決定自己看待世界的方式是否不再有效。這樣才能產生發生轉變的新知識。西北大學神經科學研究院的榮比曼（Jung-Beeman）和其他學者稱此為「**洞察時刻**」（moment of insight），並且採用磁振造影（MRI）和腦電圖（EEG）技術研究發生的經過。其結果顯示在洞察時刻，人會釋放出一種類似腎上腺素的化學物質，並且大腦會建立一組複雜的新連結。[5] 正是這些新的連結擁有加強大腦資源的潛力，讓我們能夠轉換受限的心智模式。

為了增加洞察時刻，我採用以下的客觀原則。這些都是我們本能能夠理解和經過自己個人經驗證實的事實，不過我們往往視為理所當然，或是全都不相信。

這些客觀原則為我建立了洞察時刻，對於轉換那些絕對和我失去百萬美元有關的心智模式，大有幫助。

原則一：一定有我們不喜歡的情況

我們都知道，凡事只要有可能出錯，就必會出錯。但通常事情不在預期或預料中發生時，我們就自行演起了微電影，片名叫做為何是我，為何我老發生這種事。我們開始回顧所有近期出錯的記憶。有些人的反應是否認問題的存在，更嚴重的還有人一廂情願地認為問題會自動消失。當然，在多數情況下，問題不會自動解決。

為了有效處理日常發生的問題，首先要接受問題的存在。接受「事情本質」是正確行動的先決條件。不接受是情緒、主觀反應的理想狀態，而我們已經知道後果是什麼。更何況不接受並無法改變問題存在的事實，反而只會製造連串的情緒反應，讓事情變得更糟糕而已。如果你能客觀看待情況，就能夠做出適當的回應。重點是接受發生的問題本身，而不要覺得是自己的問題。

這個原則提供學生以下洞察時刻。

「瑪莉」是三十五歲左右的職業婦女，在一家投資銀行上班，非常專注於自己的事業。她分享道：

我把這個原則擺在心中的第一位，利用深呼吸，我在當下變得更靈活。我喜歡做計畫，當計畫偏離軌道，現在的我還會惱怒不已。但與其浪費寶貴的時間抱怨和激怒身邊的人，如果我能夠想起這個原則，就更容易適應眼前的狀況。除了適應得更好以外，我也能在工作和私人生活中變得更好相處。

「菲利普」四十歲，是科技業的成功人士，他針對這個原則的回應如下：

這是用另一種方式說明每種情況都不一樣，事情永遠不會按照計畫進行。這項原則最讓我有挫折感，我發現這是我最難以建構的心智模式。我不會說自己是完美主義者，但我確實為自己的工作感到自豪，所以我想要每件事都成功——時時刻刻。我總是努力開發新的計畫和想法，讓自己處於更有優勢的情況，所以事情一旦不順利，我可能會變得十分沮喪。當我發現事與願違，我會覺得無助，發現自己想要攻擊別人。雖然我的腦子裡知道不是每種情況都能按照計畫進行，或是有些情況就是必敗的處境，但事情不順我意時，我還是無法停止生氣或難過。概括而言，我認為如果我能接受不是每種情況都能成功的想法，我或許會快樂一點和更放鬆，但這對我來說很難。

「喬許」三十歲，是勇往直前的創業家，他如此描述：

這項原則確實改變了我對於自我和身邊環境的心智模式。它讓我活得更快樂，明白了安於自己所經歷的事情，和我選擇如何看待它有關。沒人會等著「理解我」，也沒人可以負責我的心理狀態。只有我能改變自己的心理狀態和回應事件的方式。我看待事件的表面價值，如同發生的事件本身。有些好，有些不好，但如何讓事情好轉，一切取決在我。

原則二：人類有基本的共同點，也有各自的獨特性

這個原則經常引起激辯，因此了解其背景至關緊要。經由人類基因體計畫（Human Genome Project）的確認，我們的本質都是相同的！在三十億個DNA鹼基對中，我們每個人和地球上另一個人的差異只有百分之零點一。除了相似基因，我們的基本需求和慾望根本上也差不了多少。人人都想要健康、成功、好工作、收入優渥、被人愛、照顧家人等等。

有人說這些共同的渴望也是我們DNA的一部分。以客觀環境來說，這代表我們可以假定，每個人根據各自的獨特經驗形成的心智模式架構自己的世界。我們假定人人和你一樣，都有獨特的參考架構；跟你一樣，其他人也根據自己或許沒察覺的心智模式思考和行動。比方說，很多人共同的心智模式是自己不夠好，都想要利用追求完美減輕這種感受。我們很多人渴望有人認可我們，跟我們說我們沒事。很多人擔心自己的健康或自己的孩子或事業。當你認真思考，我們在這些方面基本上都一樣。

我們最大的挑戰是**控制別人的慾望**。當有人不順我們的心意表現，我們會覺得挫折。我們希望別人和自己一樣，以我們的方式看待世界，以我們回應他們的方式回應我們。我們常常很氣自己無法改變別人。但怒氣的真正來源通常是因為我們無法接受人基本上都是一樣的道理。也就是說，其他人之所以如此表現，乃根據其個人的獨特參考架構，個人神經網路深植的結構——和你一樣，你也是因為自己內化於神經網絡的結構才如此表現。

保持客觀表示理解和接受人基本上差不多，並且允許他們做自己。如果你期望他人順從你的心意，那表示你在氣自己未實現的期望。保持客觀意味著不要想改變他人和氣別人不改變，應該是理解和接受其他人的觀點或參考架構。如果你能接受此原則和容許他人做自己，你會建立更和諧的工作關係和更快樂長久的家庭關係。

「派翠西亞」是三十歲的職業婦女，這樣描述她的洞察時刻：

理解和接受此原則對我們的事業造成很大的衝擊。在諮詢任務和改革提議期間，我盡力體會他人的立場，但我還是想到有幾次，我完全忘了上司也有其心智模式，一定也會因為某個和我無關的情緒表現某種舉動。舉例來說，我認為缺乏冒險和領導能力，也就是大小事都要管的觀點，可能由許多心智模式造成。明白了其他人也有類似的模式、也會進入思考的「異想世界」，那麼有時候我會更容易察覺真相，其「事物本質，」而不是投射心智模式於其中，陷入自己的異想世界。

「羅倫斯」四十多歲，是公司的法律顧問，和家人同住，他對這個原則有些疑惑：

如果我們斷定人類基本上都差不多，我認為此原則違背了我大半人生所學——每個人都不一樣，而且那沒什麼關係（一般來說）。我猜想如果談及需求等級，那麼基本上沒錯，我們都一樣。人人都需要覺得安全和安心，有家庭或社群意識、食物、水等。現在想想，我猜我通常不覺得人基本上都一樣。在工作上，如果有人沒有按照期望做事，或是可能不是按照我的方式行事，有一小部分的我總是會想，那個人為什麼不按照本來應該做的方式行事？我通常是嚴厲的批判者，如果我看到有人沒依我的標準「認真」工作，我會忍不住批評他們。其實到頭來，幾乎每個人都在為家人工作、養家餬口、照顧自己的孩子，或是努力提供他們更好的生活。明天上班時，我會設法記得其實人都一樣。我認為這會讓我更認同其他人，我會因此變成更堅強的領導者。人如果能彼此欣賞，就會建立穩固、有效和成功的團隊。透過「人基本上都差不多」的觀點看待人，我認為可能有助於改變某些投射在他人身上的心智模式，或許也會對他人少一點批評。

經驗教訓

客觀也包括接受「他人也許和我看待世界的觀點不同」。我以為我的供應商和我看待事物的方式相同。我的思維方式是我們公司負責為供應商確定美國海關和食品藥品管理局的標示作業，以便進入美國市場。我們目前為止擁有百分之七十五的美國銷售量，新的經銷管道也準備就緒。供應商絕不可能傷害他們的超級經銷商。那樣太不合理了！

這對供應商很合理。或許美國的公司絕不會傷害他們的超級經銷商，但這個假設是基於我們在本地的經營模式，而不是考量南非的操作方式。保持客觀意味著理解人人都有其獨特的參考架構和觀點。在任何關係上，不管是私人或專業方面，你所能做的最重要事情是了解別人的參考架構。保持客觀意味著提出問題，試圖釐清他人的動機、假設、結論和信念。

原則三：我們永遠沒辦法控制行動的結果

你曾盡最大的努力執行計畫，但還是以失敗告終嗎？幾乎每個人都有此經驗。很多人認為，每次努力只有二個可能結果，成功或失敗。什麼因素支配著結果和不同程度的成敗？其實我們根本不可能控制其隱藏變數，也就是可知和不可知的事。我們應付這些隱藏變數的唯一法則，即是做到必須做的事和客觀面對結果。

備受尊敬的吠陀哲學學者薩拉斯瓦蒂稱此為客觀性瑜珈（yoga of objectivity），《薄伽梵歌》也稱之為實踐瑜珈。[6]多數人的問題是受社會影響而（一）根據最後結果而非過程或努力自我評價，以及（二）基於結果而非過程或努力評價他人。

保持客觀意味著理解和接受一個事實，你難以控制的隱藏變數。但是我們絕對能控制我們選擇的行動和行動表現本身。我們只能在當下做出最大的努力，我們擔心事情的結果不會改變其結果。不過我們通常不思考眼前的任務，而是滿腦子投射對未來的想法例如，**如果我失敗了，我就沒辦法買那棟新房子或送孩子上大學**。為了達到更好的結果，你需要專注於當下，把所有注意力放在我們選擇的行動上，然後盡力完成。

「辛西亞」是三個孩子的母親，三十五歲左右的客服中心主任，針對這個原則，她有如下洞察：

我肯定以為自己能夠控制行動的結果。當我採取某種行動方式，我對結果應該如何有許多先入為主的看法。同樣地，我也經常認定別人應該如何根據我的行動回應我。如果我對別人很友善和寬容，那麼他們應該加以認同。如果我立了大功，我應該獲得升遷。如果期望的事情沒有發生，那麼這些存在心中的期望通常會讓人感到失望和受傷。這種失望和傷害導致我下次發生同樣情況時會採取不同的回應。我唯一能做的是控制我自己的行為。我絕無法控制別人要如何回應我，或是我的行動可能帶來什麼結果。接受這個事實，如果結果不如自己的預期，也不會覺得失望或受傷。總是有很多因素導致那個結果，那是我沒辦法控制的。當有人忘了對我所做的事表示感謝，或是我沒有得到自認為應得的升遷，我不會認為跟自己有關。別人可能只是一時分心，或剛好忘了說謝謝。或許我沒得到升遷的原因是其實公司正在走下坡，或許我應該找找其他機會。我所能做的是確認我盡了最大的努力，而結果會怎樣就怎樣。接受這個原則，不只是前三項原則，讓我更加善待自己。認為自己無法控制的事情跟自己有關，結果只是在自我傷害。我開始明白我必須從自己的字典和思考裡淘汰「應該」這二個字。沒有什麼所謂的「應該，」只有「事情原本是怎樣。」保持客觀就是接受「事物原貌，」然後繼續向前。

「法蘭西絲」已婚有個兒子，是當地中學教師，她說，

我們的行動才是重點。雖然我們做出好的選擇，結果還是很可能會不好。事實上，我們無法控制自己的選擇和行動的結果。我們應該放聰明一點，接受比我們更巨大的力量，不用自己承受個人行動所造成的無法控制結果。我們只能盡可能做出最好的選擇和希望得到最好的結果。

因為忘了這個原則，也就是不管我的選擇和行動多麼完美，周遭世界非自己所能控制，多年來我承受著龐大壓力。過去我做任何決定和行動時，都很擔心能否達到預期的結果，以致開始飽受憂鬱之苦。我把自己逼瘋，我重新思考一切，懷疑自己是否做對，如果沒有變成我想要的方式自己會怎麼樣。多

年來，這個心智模式非常有殺傷力，因為事情沒有按照我的方式進行，我會覺得自己很失敗，但現在我知道那不是事實。最近我只專注於自己所能做的事，任何時刻自己所做的選擇。這表示我比較不需要承受事情應該怎樣發生的壓力，對於沒有如自己原本期望或預期的結果，也能從中得到更多的樂趣。

事實上，除了自己的行動，我能控制的東西很少。

原則四：凡事都有關聯，互有聯繫

如先前所述，增加客觀性包含重新思考和建構我們認定自己的方式。經歷過事業的重大挫折以後，我學會如何再次評價和接受自我，這是我的轉捩點。以此我能夠發展新的思路，以全新方式架構自己的世界，一種我確實夠好的新心智模式。這種全新的心智模式成為全新自我概念的基礎，意指不依賴外在的認可。這個原則激發了我最偉大的洞察時刻，讓我最後離開了沙發。造成我所有改變的思路如下：

人類可以確定的是，我們沒有選擇自己身處的世界，可以控制的事情也很少。地球旋轉、太陽產生能量、世界某一部分的海洋溫度變化影響其他部分的氣候型態，諸如此類。這一切都同時運作，每件事各有其目的，和其他事情產生關連。顯而易見，生命彼此聯繫和互有關連，各個生來自有其成長、發展和實現全部潛能的天賦能力。舉例來說，每隻毛毛蟲本身皆有其天賦能力和化身為美麗蝴蝶的一切。另一個例子是每顆橡實種子也都有其變成橡樹的天賦能力。每顆橡實種子內部是潛藏的根狀結構、樹幹結構、樹葉結構和功能、控制顏色變化的葉綠素流失過程，以及所有變成橡樹的一切因素。這只是自然環境中這類天賦能力的二個顯著例子。

重點是我明白了同樣的關連性和天賦能力也在我身上應驗——也包括所有其他人。請你想想。你沒有選擇自己的性別、種族、父母或社經地位、手足，或是出生地。你也沒有選擇你愛什麼或擅長什麼。在某個時候你明白了自己很喜歡巧克力、討厭青豆和擅長運動。但你沒有選擇它，它只是原來的樣子。就像太陽、月亮、地心引力、力的強弱、電磁力和世界其他所有元素，它原本的樣子。等我探究地更深，想為自己證實一切事物的本質其實都互相聯繫和互有關連的觀點時，我想到研究所的其中一門科學課——光合作用。光合作用指的是植物和其他有機體將一般來自太陽的光能，轉化為之後可以釋放成為生物活動燃料的化學能量的過程。這種化學能量儲存於碳水化合物分子裡，例如糖，由二氧化碳和水合成而來。在多數情況下，氧氣也被釋放為廢料。光合作用的過程得以維持大氣的含氧量，而且供應所有有機化合物和多數地球生命所需的能量。[7] 哇，不只多數的植物、藻類和某種類型的細菌進行光合作用維持其生存、功能和目的，這也是每個人和其他生物的生存之道。雖然這只是一個例子，卻是我**決定性的關鍵時刻**。因此我把這一切在腦中彙整。如同自然環境的其他生物，我們每個人生來都有獨特的能力和完全發揮能力的潛能，我們有連接其他事情的目的和功能。這是我的「啊哈！」時刻。

我心想，如果我擁有的目的和功能和每個人和每件事有所關連，結合我獨特的才華和技能，我怎麼會無法像原本的我一樣好？這是讓我離開沙發的關鍵。我開始用不同的眼光看待自己。但坦白說，內心深處我還是希望沒有損失那一百萬美元。畢竟我也沒有朋友損失過百萬美元，一切要重頭來過。雖然我知道自己擁有重要才華和技能，但我還是無法脫離「為什麼是我」的想法。我離開了沙發，但還是很需要知道怎麼回事、出了什麼錯和我怎樣能做得更好。我還是在撻伐自己，無法否認有時候我的想法還是趨向責怪和控訴他人。一陣子以後，我發現我只是用這種思路在傷害自己，一點益處也沒有。當我開始明白，即便是我們的狀況、成與敗、痛苦和損失（以我們沒有選擇的方式）都會繼續形塑我們，幫助我們生長盡情發揮潛能，並且和萬物有所聯繫，這代表另一個洞察時刻到了。我認為事情和發生原因無關，而是完全和這個經驗如何幫助我成長有關。而那是我的選擇。

很多人分享了艱困的兒時經驗，回憶時帶著怒意和失落。但重要的是了解我們沒有選擇自己的種族、性別、眼睛顏色或髮色，在多數情況下，我們沒有選擇也無法控制自己的環境。沒有人選擇擁有患有精神病的家長。沒有人選擇目擊造成朋友死亡的可怕車禍。這些事情只是「事情本質」的一部分，而他們也形塑我們是誰。你的環境變成你是誰的一部分。重要的是不要只想到這些環境的負面結果，和可能最後發展成的有限心智模式，也要思考你可能由這些經驗所獲得的所有技巧和獨特看法。舉例來說，傑出和善良的三十歲女性雪倫，她的媽媽患有精神病，「雪倫」很小的時候就必須學習自給自足和獨立，這後來成為她投身創業冒險事業的後盾。「瑞爾夫」是四十歲左右的優秀工程師，因為家庭不健全，他很小就被迫扛起很大的責任，因而變得機智過人值得信賴和可靠。無論你必須應付的狀況是什麼，接受它為「本質」的一部分——以及作為可資利用的東西，獨特的經歷、才華和潛能部分——是客觀的關鍵。

我的下一個洞察時刻是清楚地明白「拿自己和其他人比較是不合邏輯的事」。如果想重思振作、離開沙發，以下想法都對我無濟於事：拿自己和他人比較，在腦海中播放微電影，描述一切有多不公平，為何我得一切重來，而別人都不用。既然我完全接受新的心智模式，也就是我確實夠好了，我必須重新思考我和他人的關係。沒有人擁有和我相同的組合，連我的雙胞胎姊妹都不是（她喜歡牛奶巧克力和花生醬，我喜歡黑巧克力，很討厭花生醬）。事實上，我們都是獨特的，無論在能力、身處環境和目的方面。我漸漸明白，我們的力量得自於充分掌握我們原來的所有特質。而不是投射錯誤的印象，認為別人想要和期望什麼。我們不要拿自己和別人比較，然後覺得不足，我們必須綜合自己獨特的主要強項、才華和經驗，評估和接受自我。我們本身的一切即是獨一無二，無論是我們的DNA、我們的出生地或出身的家庭種種，無不形塑成與眾不同的自己。我心想：我怎麼拿自己和他人比較，然後認為自己有所匱乏或不足呢？我有一個雙胞胎姊妹、二名同父異母的兄弟，父母都在工作，而另一名女性卻是在加州長大，沒有兄弟姊妹，母親是家庭主婦。

這個想法不只幫助我離開沙發，也讓我重拾信心回到戰場。我現在了解我獨一無二的才華、技能，甚至是有時候很讓人討厭的習性，結合了我的環境，造就了我的樣子。客觀是看待和接受「事物本質。」你是本質的一部分，所以你也包括在其中。

我確實抓到重點，真正接受和欣賞有關自己的一切，包括失去百萬美元。你可以想像嗎？當時很痛苦、飽受精神折磨的我，如果沒有失去這一百萬，我知道我不會成為最快樂的人，目前我在巴布森學院教書和書寫有關客觀的文章。這個原則改變了我所有的一切。現在，我看待自己如同打造中的傑作。現在，我每天早晨唯一要做的事是起床，發揮當下最好的實力，善用我原本擁有的一切。沒錯，有時候結果不一樣。有時候我很累，有時候其他人很累；兩者都不在我控制範圍。我的自由和喜悅來自於明白萬物皆有關聯和互有聯繫，我在這世界的力量得自客觀——**看待和接受自己本來的樣子，無懼成為原本的自我！**

第四個原則也以如下方式和他人產生共鳴。

「凱西」年約三十，是地方新聞台記者，以下是她的洞察時刻：

有時候，我很難接受自己屬於宇宙秩序的一部分和「事物本質。」我過去經歷了一些事，例如父母和我的激烈爭吵關係和解除婚約，造就了「我不夠好」的心智模式，這種不健康心態讓我難以客觀看待事情。有時候，我希望我能夠改變過去，但我逐漸開始接受，目前的自己和身處的位置是生命中每一件事發生的累積。當我自覺地接受這個想法，心情也覺得輕鬆許多。比方說，大學時期我換了學校，離開了史密斯學院。我很喜歡那裡沒錯，我曾想在那裡唸完四年，而不是二年半。然而，我一些最好的朋友都是在轉學生訓練時結識的。如果我們沒有一起參加訓練，我根本不可能和那些人成為好友。最近我在思考自己目前的戀愛關係。因為我上回分手得如此痛苦，我確實可以說，那段經驗對於我目前的關係很有幫助。如果當時我沒有和前任男友分手，或是如果我沒有重新開始與人交往，我就不會認識現在的男友了。光是寫下這些關連就讓我覺得很快樂，而且還能幫我接受原來的自己，以及生命中出現的新狀況。我逐漸明白，不是「我不夠好」，而是我是進展中的作品，每次出現的情況都在成就自己成為的樣子。我選擇處理情況的方法能夠創造正面或負面結果。我越保持客觀，越可能滿意其結果。

「喬治」是三十多歲的股市超級交易員，他這樣形容自己的洞察時刻：

理解我是「事情本質」的一部分，並且和萬物互有關連，讓我記得接受自己的狀態、曾有的經歷和專注於即將前往的地方。以個人和專業的角度來看，我認為記住此原則會讓我更不容易嫉妒和羨慕別人。我無力改變自己和別人的教育，所以我不應該花任何力氣想要改變或希望它有所不同。思考這個原則讓我重新思考「我不是萬事精通」的心智模式，希望我能在開始拿自己和別人比較前踩住煞車。我是個體，其他東西的部分，我要利用所擁有的一切盡力而為。

我發現很多人不知道他們獨特的技能、才華和天分組合。反之，多數人擅長投射錯誤的印象，以他們認為應該的方式行動，他們不再了解有關自己的真相、他們真正是誰。這可是非常恐怖的感覺。很多人發現本章最後的練習五很有用，能夠思考自己獨特的才華和天分，以及和其本質的連結。這個練習概括如下：

記錄你真正熱愛的事物。什麼事你覺得很愚蠢或讓你很快樂？想一個你沒有在批判或抱怨的片段，一個你單純享受其過程而不是想改變的時刻。當你不帶批判地純粹體驗，在那個時刻，你很快樂，你完全在做自己。接下來，你問一個從小認識你的身邊人，你小時候是什麼樣子。你喜歡什麼？你喜歡玩什麼？你是親切溫暖的人，還是容易緊張的人？一般人通常只要問問從小主要照顧他們的人，就可以得知自己真正的特質。最後，寫下你真正喜歡自己的部分，不要和別人相比。一般來說，每個人都能夠找到幾個自己覺得不錯的地方。

保持客觀需要深刻地理解你自己是誰和其本質。評估狀況，認可你的長處和限制，明白這些長處和限制是所有「事物本質」的部分，就此奠定客觀的基礎。很多人為了彌補某事開始自我發展的路途，懷著自己有某些問題的潛藏假設，進而加強神經網絡的負面自我概念。保持客觀意味著接受自己目前的樣子——帶著能力和渴望成長和開發所有潛能。這是你內在天性的表現。記得這細微的差異將有助於創造和持續你所追求的成長和進步。

支持新的心智模式

利用本章這些原則激發你的洞察時刻，這是轉化舊有心智模式的關鍵。為了進一步支援此轉換過程，將這些洞察時刻和新的經驗連結也很重要，這些經驗確實打敗了舊有的思考和對應方式。如今事情變得很有意思。你的大腦，處於自動駕駛狀態，通常支持預先存在的心智模式。如果你思考一個打敗舊有心智模式的經驗，這時你的大腦會出現傳聞數據，說服你這個經驗其實支持你舊有的思維和行動方式。然而，當我們學習控制自己的評估過程，有意識地將觀念和假設帶到我們前額葉皮層做評估，我們可以重新訓練大腦做不同的反應。

確切的說法是，以客觀的四大原則為背景審視自己的心智模式時，思考哪些經歷能夠大力支持你採用新的思路。舉例來說，如果你強調轉換自己的控制心智模式，而你擁有關於原則三的洞察時刻（你不可能永遠控制行動的結果），那麼在反省階段，試著想想——最好是寫下來——不可知、不可預測和無法控制的因素確實影響最後結果的情況和經驗。更重要的是，寫下你從那些經驗學到的事情，和下一次你面臨類似狀況時會怎麼做。

改變反應、重新連結神經網絡

儘管這些原則、洞察時刻和經驗連結能夠幫你有意識地剷除舊的和接受新的心智模式，總歸下一步還是得訴諸行動。你現在的目標是讓新的心智模式，而不是無用和有限的舊有模式引導你的行為。接著回到確定不再適合自己的心智模式，然後寫下此模式會引發什麼刺激、行為或想法。然後寫下新的思考方式和反應方式。切記，轉換心智模式的重點在於阻斷受到舊有模式操控的自動反應，並且基於新的模式做出不同反應。你每次做到這一點，就是確實在鬆綁舊有的電路，創造大腦新的神經連結。注意你的舊有心智模式如何啟動和如何導致目前的行為，這是重新連結神經網絡過程的第一步。讓我們在下兩頁舉些例子說明：

新的心智模式	新的反應
我無法控制所有情況，尤其是無法控制或無法得知的事。我有信心可以處理任何手邊發生的狀況。如果我想成為好的領導者，應該參考別人寶貴的意見。	停下來，處於當下，不會為了想要控制而臆測接下來會發生的事。更有耐心一點，尋求別人的建議並承認其他想法的優點。
對於自己成功應用於生活的天生才華和技能，我都給予認可、重視和信心，因此我不需要為了讓自己快樂，讓別人來承認我的價值。	我會自問是否在為自己做這件事，還是為了得到認可。如果不只是為了自己，我不會承擔責任。我會大方誇獎和認可別人的成就。
我認為無論每天遇到什麼情況，我只能盡力而為，然後接受接下來發生的一切。	我不會尋找別人怎麼做的資料。我只關心自己的表現和是否做了最大的努力。

舊有心智模式	舊有心智模式
生活中的一切必須有所組織，提供安全感的慣例和習慣。	我想要控制每件事和每個人。只要別人沒有照我的意思思考或做事，我會變得很沒耐心和愛批評人。 觸發點：我覺得氣憤和沮喪，好像快爆炸一樣。
我需要外在認可和承認才會覺得快樂，獲得肯定是我人生主要的動力。我需要成為傑出人物！	需要不斷的認可讓我很焦躁，我總是追求下一個可以獲得肯定的事。我經常嫉妒別人工作表現傑出、應得的升遷或機會。 觸發點：我有這種焦慮時心跳會很快；我會熱起來。
我認為自己必須把每一件事做到最好	我給自己施加太多壓力，製造緊張和焦慮。我拿自己和別人比較，會嫉妒或討厭別人。 觸發點：我感到胃痛，有時候覺得有點噁心。

隨著每次做出不同的反應，你能夠將新的神經元連結在一起。為了促進新的連結持續一起作用，需要重視度和注意力。**注意力密度**（attention density）這個專有名詞指的是持續一段特定時間將注意力放在一種特定的心理經驗。越是專注於一個具體想法或心理經驗，注意力密度越高。擁有足夠的注意力密度，新的大腦電路才能夠穩定。個人的想法可能變成個人身份的本質部分，永久改變本身看待世界的方式和大腦的運作方式。神經科學家稱此為「自我引導的神經可塑性。」[8]

問題是這需要很多時間。在過程中，刺激自動反應的情況可能會出現。儘管靜觀會幫助你於當下更客觀反應，在事情過後，藉由新的觀點回顧發生的情況也很有益處。

為了讓全新連結的心智模式增加其注意力密度，有個自省工具稱為認知重建，這項用於認知行為治療的技術，用意在於確認和糾正負面的思考模式。此技術包括改變發生於引發焦慮情況的負面自動想法（例如他們覺得我很無趣），用更理性的信念取代（例如我無法讀取他人的想法；他們可能只是很累）。如同想法受到挑戰和質疑，它們引發焦慮的力量也會減少。在認知重建中，你有意識地負責評估過程，確認你的結論正確，不帶有偏見和錯誤。以下的漸進過程對我的學生和研習會成員來說，證實確實很有價值：

- 反省一種狀況或事件——怎麼回事？逐字寫下當時閃過腦際的一些想法。因為這些想法你有什麼感受？你怎麼回應？
- 你的想法可能存在哪一種認知錯誤？你的想法存在著什麼心智模式／偏見？這些想法和心智模式背後有何隱含假設？
- 什麼新的心智模式可以取代舊有的模式？哪一種洞察時刻可能幫你重新思考引發反應的舊有心智模式？什麼新想法可以支持新的心智模式？
- 審慎思考新的心智模式感覺如何？花個幾分鐘沈浸在正向感受當中。基於這個新的心智模式，下次你會如何反應？

轉換心智模式是一個過程。它需要時間、精力和專注。有些模式比其他模式容易轉換。在接受調查的學生中，百分之六十九的人表示，他們轉移心智模式有點成功；百分之二十五的人說他們非常成功。所有的人說需要動機和注意力。百分之六十三的學生說它們持續和有意識地努力轉移模式，但百分之十九的人報告，他們每週反省轉移模式一次。理想上，在轉移有限和無用的心智模式的過程中，你會注意到你開始看見事物的本質，並且更客觀反應，這也是持續下去的最好動力。

重點是慢慢地開始。心智模式以各種方式在人生不同的面向引導我們。我們可以選擇一種心智模式，然後先改變這種模式可能出現的一種方式——最好是最不可能干擾生活的方式。舉例來說，「彼得」是一家法律事務所的營運長，擁有很強的控制心智模式，他先從開車上班方面開始改變。他表現控制需求的其中一種方式是每天帶著生氣和疲倦的感覺上班。在上班開車途中，主要因為別人的駕駛習慣，他的臉色和語氣逐漸變得不耐煩和挾帶怒氣。他發現他只是想要控制；現實中沒有人會集體在早上五點起床，準時離開家裡，說好大家一起慢慢開車、沒有閃燈即變化車道、用手機講電話，或邊擦口紅，只為了讓他慢下來。但是這些事讓他非常焦慮。他開始提醒自己，他無法控制交通狀況或各人的駕駛習慣。他推論他們可能只是和他一樣，因為要準時上班而覺得焦慮。他決定先設法改變這一種控制模式型態。他開始早點離開家，換一條更美麗的路線上班，多注意自己握著方向盤的力道。幾星期以後，他很平靜、專注地抵達辦公室，不會再想找人吵架。

在轉移心智模式的過程中，善待自己非常重要。請切記，你的舊有反應方式已經深植腦海，所以轉化需要時間、耐心和專注力。每次你對自己不耐煩，對自己的反應很失望，最後反而可能會加強不夠好的舊有連結，那是你設法重新置入的連結。你不能對自己的大腦生氣。相反地，你要享受其中的樂趣。發現又回到習慣的做法時，笑一下就好；坦承這是大腦的本能，總有一天你可以做到想要的改變。你是主體。再重申一次，你有能力改變自己的想法。練習五會幫你找到自己獨特的天分和能力，如此你可以學著對自己更客觀。

行動計畫：練習五

發現你獨特的天賦能力，以便你學習重視它們：

- 記錄你真正喜愛的事物。
- 什麼事情讓你感覺愚笨或快樂？

問一個從小就認識你的身邊人：

- 你是怎樣的小孩。
- 你喜歡什麼？
- 你都玩什麼？
- 你是親切溫和的人，還是嚴肅、緊張的人？

寫下你很喜歡自己的部分和認為自己擁有的主要天賦，不要聽別人的說法，也不和別人做比較。

第四部

THE OBJECTIVE LEADER

客觀的領導人

7

創造包容性環境

未受約束的主觀對於各個群體有深遠的影響，可能也會造成商業危機。現今的商業領導人承擔得起由偏見主導有關顧客、供應商或合夥人的決策？如果我們百分之七十五的人，每個月至少有一次會不公正地批判他人，這對商業方面有何影響？領導人可能要付出什麼代價？

到目前為止，我們知道了自己有多容易對情況反應過度，而且認為事情有針對性。不妙的是，缺乏客觀也會波及我們評價和回應他人的態度。眾所皆知，領導者的職責是聘用、激勵、管理和培養他人。評估領導人的成就，通常由他們所完成的結果而定，大致根據他們激勵、管理和培養他人的表現程度。但不變的是，在各種企業績效評估中，管理和領導技巧皆是核心的評量準則。問題是我們經常錯誤評判他人——有時候單憑其長相、衣著，或可能是聲音判斷。

實際上，我們在調查客觀性時發現，百分之七十五的人回答，他們一個月至少誤解某人一次以上；該調查又發現，百分之二十三點四的人說，每個月二到三次會根據外表誤判他人；百分之九點四的人說一個月一次；百分之十七點四的人說每週二到三次；百分之四點七的人說，每天他們單憑外表就會錯估他人。

判斷失誤不只會影響管理和領導效率；對於全球企業領導者而言，針對不同人口、文化和習俗的新興市場，企圖維持和建立其商業關係之時，也可能要付出昂貴的代價。同樣地，國內企業領導者面對日漸多元化的美國人口，掌握多元人力競爭優勢之時，誤判也會讓他們功虧一簣。現在問題來了，你多常誤判他人呢？你因此付出了什麼代價？

擔任巴布森學院二〇〇八年至二〇一一年的首任多元長期間，我經常舉辦企業客觀討論會，幫助高階主管充分利用多元化和包容性的商業案例。最近，我和一家全球企業的「全球多元化和包容性委員會」推動為期二天的會議，這家企業在全球七十個國家營運，擁有三萬八千名員工。在這次外地會議，公司的其中一名董事說，「身為全球領導人，我們都了解多元化和包容性的商業案例。我們必須學習如何有效領導多元團體，培養解決問題和決策的多文化做法。問題是，多數人認為多元化和包容性如同納稅的議題；我們必須繳納，但沒人喜歡談論它。」

我問該團體，「如果我們對話的基礎是客觀為有效領導的核心能力，你們還會認為是納稅嗎？」他們都說不會。接下來兩天會議的所有時間，我們重新建構全球多元化和包容性計畫，讓跨部門主管有機會以更客觀的方式應對日常挑戰，包括面對和他們不同的人。事實上，我們不只重新建構對話，我們也重新命名該計畫為：全球包容性與客觀性（Global Inclusion and Objectivity）。

全球包容性和客觀性的對話必須一開始就承認人人皆有偏見，不論男女；基督徒、回教徒或不可知論者；非洲人、美國人、亞裔美國人或高加索人；來自中國、馬來西亞、印度或伊朗；異性戀、同性戀或變性者；健康或殘疾人士。這是大腦的本質。當我們談論與彼此不同的文化或其他部分，大腦的主觀反應完全與回應其他事情時相同，而我們已經學會不要為自己的想法抓狂。

看到有人跟我們不一樣，我們的大腦立即能察覺其差異。這部分沒什麼問題；不必羞恥、沒有任何罪過。問題在接下來發生的事：我們將自己的心智模式投射在差異性的感知部分。這種投射形成我們主觀的基礎，通常是對此人的偏頗或先入為主的批判（好／壞、喜歡／不喜歡、害怕／信任），於是影響我們對此人的行為。這潛在的危機是我們很少質疑造成我們主觀對應他人的心智模式。既然我們可以增加應對情況和事件的客觀性，我們一定也可以更客觀地應對他人。

就我們所知，客觀性是感知和接受「事物的本質」，不會在感知的事物上投射個人的心智模式，包括刻板印象和偏見。這裡的「事物本質」指的是和我們不同的個人。客觀有助於我們接受此人並給予周到、謹慎和有效的回應。為了增加對於種族、性別、性傾向、年齡等的客觀性，我們必須了解潛在的偏見如何形成，以及它們如何造成主觀的成因，致使我們陷於舊有的思維和反應方式。

人人都有偏見

根據研究顯示，幾乎所有人在五歲時已經對黑人、女人、老人和其他社會群體形成根深蒂固的刻板印象。舉例來說，近來有研究重新進行一九四〇年代引人爭議的克拉克娃娃實驗，其結果顯示孩童對於種族的態度。克拉克娃娃實驗給一個小孩看二個娃娃。兩個娃娃除了膚色和髮色，完全長得一模一樣。一個是白皮膚金色頭髮，另一個是棕色皮膚黑色頭髮。之後那孩子被問了幾個問題，例如他們會玩哪一個娃娃，哪一個是好娃娃，哪一個長得不好看，哪一個膚色比較漂亮等等。根據實驗顯示，所有參與研究的孩子都明顯偏愛白皮膚娃娃。其結果由二〇一〇年「CNN新聞」進行的類似實驗得到證實。在這個實驗中，整體而言，白人小孩的反應帶著高比例、研究人員所謂的「白人偏見，」他們認定自己的膚色屬於正面特質，較黑的膚色屬於負面特質。此外，整體看來，黑人小孩也對白色存有某種偏見，但比白人小孩少。CNN的研究總結，孩子對種族的想法由五歲至十歲逐漸改變。[1] 為什麼會這樣呢？

在孩童時期，我們體驗和詮釋身處的環境，給予周圍世界各種推論。如果我們星期六早上看卡通的時候，沒見過黑人臉孔，我們或許會假設黑色不好。如果我們沒看見女人掌握權勢地位，我們或許會推論女人不像男人那麼聰明。如果我們上學時看到少數黑人孩子，我們或許會假定黑人有問題。我們只是想理解自己的世界。不管我們的父母多麼開明，只要我們走出家門，就必須面對同儕壓力、媒體和宣揚這些刻板印象的社會結構。因此，很多人持有無意識的偏見，我們只是不知道而已，其實都深植在我們大腦的神經網絡。在此重申，這裡沒有任何責怪的意思。

哈佛大學教授貝納基（Mahzarin Banaji）和華盛頓大學教授格林華德（Anthony Greenwald）發展一項有關內隱偏見的持續研究，稱為「**內隱關聯測驗**」（Implicit Association Test，簡稱IAT），他們成功確認這個讓人不安的真相：「我們隨時都在使用刻板印象，在不自覺的情況下。雖然我們很多人認為自己對任何族群的人沒有偏見，我們的大腦活動說的卻是另外一回事。」[2]

IAT測試對於膚色、年齡、性行為、殘疾等的無意識看法。這項電腦測試要求使用者以一個特性快速分類二種觀念，按下相應的左手鍵（e）和右手鍵（i）表示（例如，「男性」和「女性」的觀念，其特性是「養育」。）相對於困難的配對（反應較慢），詮釋簡單的配對（反應較快）和記憶較強烈相關。雖然還處於爭議階段，但從首批四百五十萬個測試中顯示了以下結果：

- 人經常沒察覺到個人的隱藏偏見。一般人，包括指導這項計畫的研究人員，都會對不同社會群體懷有負面聯想（也就是內隱偏見），即使他們據實以告（研究人員認為），他們認為自己沒有這些偏見。
- 內隱偏見預示行為表現。從單純的親切和包容行為到更間接的行為如工作品質評估，根據研究，持有高度內隱偏見的人表現出更嚴重的歧視。

- 人具有不同的內隱偏見程度。內隱偏見因人而異，可以是某個人的小組成員功能、某個人在社會上的小組成員優勢、某個人有意識持有的態度，以及生存於當前環境的偏見程度。[3]

最後這個觀察特說明了，潛藏態度隨著經驗而調整。

無關羞恥、無關對錯

時值二〇一四年，關於種族、性別和所有形式的分離主義等等的眾多言論，還是偏重於羞恥和責備。該全球企業的董事長說得沒錯：如果話題轉到重新推動婦女運動、公民權力運動或男女同性戀者不公平現況等，就沒人想談了。如果你再拿宗教攪局，話題就更讓人不自在了。這問題出在多數人知道自己持有偏見，他們為此感到汗顏。如果我們覺得持有偏見很可恥，我們自然想否認它，築起防衛，讓自己遠離這話題。為了成為傑出的領導者，我們必須學著接受這個事實，我們天生有偏見，而且不只在種族方面。對象可能是在任何方面和我們不同的人。我們必須停止互相指責和對自己感到汗顏。不過，我們也必須為我們對他人的行為負責，有意識地選擇更包容的回應。

如果我們希望成為多元世界的傑出領導者，根本上，我們必須了解自己的偏見。我在很多企業的訓練課程裡利用ＩＡＴ測試，協助企業領導人開始意識到自己可能存有偏見，並且引導他們經過轉化偏見的過程。如我們所見，承認自己的心智模式是轉化的第一步。有趣地是，這是很困難的經驗。即便理智上他們知道，擁有可能在四、五歲就形成的偏見並不可恥，但很多參與者面對結果顯示他們可能對非裔美人、超重者或老人懷有偏見時，還是覺得很尷尬。想當然爾，幾乎所有人都不喜歡認為自己存有偏見。我們寧願以為自己很公平、開明或客觀。以下例子說明高階主管得到ＩＡＴ測試結果的一般經驗。

- 一名白人男性得知ＩＡＴ測試結果後感到如釋重負和自豪，他沒有認為白人比黑人更好。我問他的成長環境。他說由於父親在國務院上班，他和來自世界各地的孩子一起長大。他的經驗重點是當他為了理解身處環境形成連結時，面對的是由不同種族、民族和宗教背景組成的世界。他四、五歲時的大腦沒有根據這些特質做任何批判或聯想，因為看到廣泛差異是很平常的事。
- 一名白人女性承認，她收到結果顯示她有點偏愛白人時覺得很羞愧。她說自己有意識地讓孩子接觸各種群體的孩子，因為她想要孩子學習差異的價值。儘管她有保持中立的價值觀和努力，但難免她還是有無意識的偏見。她說自己成長於清一色的白人社區，就讀於以白人為主的學校。她的經驗重點是她所做的聯想來自環境的影響，作為孩子，她不可能得出其他不同結論。重要的是我們要讓她和其他人安心，他們不必因為擁有偏見而感到羞恥，反而是應該持續保持警戒，讓偏見不會造成歧視的行為。以她為例，這事從未發生。

- 一名非裔美人男性勇敢地承認，他的ＩＡＴ測試顯示他偏愛白人。他覺得很震驚和尷尬。他表示自己會刻意讓孩子接觸非裔美人的正面典範，例如黑白二種膚色的芭比娃娃他都會買給女兒玩。他又說，成長中，它不斷接觸到黑人的負面形象，不僅在他身處的環境中，也經常看到媒體的報導。他的結果說明了媒體培養和加強無意識偏見的力量。這裡的重點是要向他保證，我看過許多和他類似的反應，諸如對自己所屬團體持有偏見的人：有時候因為女人與家庭、男人與事業的聯想，在工作上感覺困惑的女性；因為對年輕的偏好，認為自己和其他老人比較沒價值的老人；偏愛瘦子的過胖者——這些通常都基於社會心智模式。

前述的後兩個例子最具有建設性，可以讓你了解如何改變和成為組織裡具有包容力的領導者。你的有意識大腦可以引導你遠離潛藏大腦的偏見，即無意識大腦。顯然該白人女性的有意識價值觀和選擇，引導她遠離生長於白人主導的環境中所養成的無意識偏見。同樣地，非裔美人男性儘管受到成長經驗的影響，導致他對自己的團體產生偏見，他還是自發性決定做出不同的思考和行為。

貝納基和格林華德說，「以我們影響所知和信仰的程度來看，我們有能力影響較無意識的心理狀態。我們可以決定自己是誰和希望成為的人。」[4] 如我們之前所學，你是主體，你所經驗的一切，相對於你是客體，而不是你。你可以決定如何因應所經歷的一切，包括和你不同的人。可惜的是，雖然我們承認很多人對於自己的偏見感到汗顏，也想要戰勝它們，有些人還是會合理化和允許持有自己的偏見，沒有任何意願改變。實際上，我們內在的主觀經常不受約束，以致於極可能造成可怕的後果。

主觀未受約束的危險

二〇一二年的「茲莫曼槍殺馬汀案」就是未經驗證的主觀導致致命後果的悲慘案例。十七歲的馬汀是來自佛羅里達邁阿密的非裔美人，他從便利商店買了糖果和飲料以後在回家路上，一名社區守望員茲莫曼看他是身穿帽T的黑人，認定他很可疑。茲莫曼不聽警察勸告自作主張槍殺了馬汀。二〇一三年，茲莫曼後來因二級謀殺罪和過失殺人被判無罪，此事在美國掀起了另一波關於種族問題的言論。為了回應茲莫曼的判決，我在《哈芬登郵報》發表文章提出個人看法，認為社會普遍對於年輕黑人存有的心智模式，影響了許多茲莫曼槍殺馬汀案相關人士的反應和行為。我認為茲莫曼自動認定身穿連帽衣的黑人少年代表圖謀不軌。我認為這種未經驗證的偏見導致他做出無理行為。事實上，我相信茲莫曼的行動、桑福德（Sanford）警察的反應、和陪審團最終的判決都是未經驗證的主觀結果。

我們的社會面臨的挑戰是，我們未受約束的主觀往往鼓勵了歧視行為，最後演變成習慣和結構。我們可以很清楚地看到這件事假以時日對於社會的影響。比方說，關於非裔美國男性的心智模式，在社會非常普遍，以致於這部分的人口顯然都處於危險中，由讓人擔心的輟學、監禁和死亡率可以印證。這些以及其他種族、性別、性向和宗教的不平等可能會一直存在，直到我們人類努力戰勝內在主觀，開始展開如何變得更客觀的對談。

未受約束的主觀對於各個群體有深遠的影響，可能也會造成商業危機。現今的商業領導人承擔得起由偏見主導有關顧客、供應商或合夥人的決策嗎？如果我們百分之七十五的人，每個月至少有一次會不公正地批判他人，這對商業方面有何影響呢？領導人可能要付出什麼代價？

主觀性，加上根據無意識偏見的行事風格，都是公司無法忽視的商業危機。舉例來說，在很多情況下，銷售人員很容易做出持有無意識偏見的舉動，根據膚色假設潛在客戶的價值。

二〇一三年，瑞士蘇黎世發生了一次著名事件，一家精品店店員無理地拒絕服務著名的電視主持人「歐普拉」。顯然這位店員沒認出歐普拉，並且假設這位黑人女性即使喜歡這款價值三萬八千元美金的皮包也買不起。由於這未經約束的主觀，在歐普拉走出店門之際，商店隨即損失了三萬八千元美金。同時也付出名譽損失的代價，因為這次事件被廣為流傳，最後他們被迫出來公開道歉。

另一個例子發生在二〇一三年的梅西百貨，紐約分店的一些黑人顧客控告百貨公司依據種族相貌特徵給予差別待遇。很多顧客指出有人特別針對他們找麻煩，甚至買了昂貴商品之後還遭到扣留，暗示他們有行竊意圖。二〇一四年八月梅西百貨花了六十五萬美金平息了這場紛爭。這次和解的幾天前才發生了巴尼斯紐約精品百貨事件。根據巴尼斯顧客和前任職員的一連串抱怨，包括巴尼斯的門口守衛專門找少數族裔顧客麻煩，而且店內巡邏人員還會跟著這些四處走動的顧客等，在歷經九個月的調查以後，巴尼斯同意支付五十二萬五千美元的費用和罰款。毫無疑問，無意識偏見是重大的商業危機，並且可以由這些例子中找出數據依據。

也有其他情況對經營同樣不利，但無法用數據顯示。最近我和一家私人銀行和投資管理公司的新任總裁合作，共同發展和推動一場討論客觀的高階領導會議。會議探討的關鍵議題包括公司重要的財富管理目標顧客和創業者的特徵資料已有所改變。他們的心智模式是成功的創業人士是白人、男性，總是穿西裝打領帶的專業打扮。銀行家都是如此。因此，不符合這個特徵的富有創業家被拒於門外，最後將生意交給更沒偏見的機構。財富管理高階主管因此失去了這部分的市佔率，他們必須重新思考自己對於成功創業家的面貌假設，以及吸引和服務他們的最佳策略。

再舉另一個例子，美國運通執行長錢納特（Ken Chenault）在二〇一三年由「合夥關係」（The Partnership）主辦的領導會議中發表演說，這個來自波士頓的非營利組織，其目標在推動有關多元化的全新對話。錢納特談到克服無意識偏見的重要性，以及美國運通招聘經理時需要重新評估和改變他們對於組織關鍵人才資源——資訊科技（IT）專業人員的潛藏假設。他的管理團隊學會適應一個現實，即在科技領域的許多年輕專業人士不一定會呈現保守的形象，即使他們擁有無懈可擊的技能。他們不能再根據對於外表的無意識偏見和假設，承擔評估人才的風險。

這裡只是舉幾個例子說明無意識偏見造成的風險。缺乏這類客觀性讓你的公司付出何種代價：損失利潤、人才或生產力？更重要的是，公司要如何有效減少這個風險？身為客觀領導人，為了主動提出這個議題，最好的辦法是進行無意識偏見風險內部評估，包括下列各項：

- 透過焦點團體和問卷，評估員工對於包容性、創造力和革新的投入程度。
- 透過客服中心錄音和其他顧客的回饋機制，評量與顧客的互動狀況。
- 分析顧客特徵組合，決定公司是否流失或沒有把握住特定族群人口。
- 評估供應商的多樣性。
- 評估策略合夥關係的優勢，如果可以，國內外都要評估，根據忠誠度、價格彈性和善意程度，決定無意識偏見是否會導致誤解或不信任。

扭轉偏見

公司評估了偏見風險以後，下一步要幫員工偵測並扭轉他們的潛藏偏見。根據普渡大學社會心理學教授蒙泰斯（Margo J. Monteith）所言，「自動定型的解決辦法在於過程本身。人可以透過練習，減低少數族群與負面刻板形象的心理連結，並且強化少數族群與正面自覺信念的心理連結。」[5] 如我們在增加當下客觀的架構所見，暫時中斷刻板印象的形成，讓有意識、無偏見的信念有機會取代並做出更客觀的反應。問題是，你是否知道自己根據無意識偏見回應他人的觸發點在哪裡？不管怎樣你都覺得很不自在嗎？你對某人持有偏見時，會變得很緊張和小心翼翼嗎？

扭轉偏見和真正改變你對某一特定族群的思考和感受方式，相當於轉化其他類型的有意識和無意識心智模式。首先，必須找到偏見，這方面可經由IAT測試確認，接著是轉化學習過程。透過知識、經驗和回饋，你可以扭轉偏見，以公平和尊重的態度對待所有人。

知識：新的思維方式

如果不挑戰個人基本假設，就無法增加客觀性和改善彼此的關係。如前所述，這是一種推理的新邏輯、新思路，能夠幫助我們創造洞察時刻，進而挑戰我們的看法和轉換我們不適用的心智模式，由此我們變得更客觀，更有包容性。以下這個客觀性原則

（可參見前一章的前四個原則）已被證實有助於扭轉偏見。它不只能夠改善我們對他人的自動反應，也能夠改變潛藏內心的無意識偏見。

原則五：我們彼此的差異不是自己的選擇

是你選擇自己的膚色嗎？是你選擇性別嗎？還是你選了父母或他們的經濟條件？這些問題的答案當然都是絕對不是。那麼身為人類的我們，怎麼能憑藉非我們所能控制的事物批判和譴責自己和他人呢？人類基因體計畫已經明確證實，即使二個關係最遠的人之間的遺傳差異也非常小，大約是總DNA的百分之零點一。因此，我們因為別人沒有選擇的一點身體差異，仇恨和排擠和自己幾乎一樣的人的正當理由是什麼？我們怎麼能規定某些群體應該怎麼樣——他們應該擁有什麼，或應該得到什麼生活品質、教育機會、醫療和其他機會。請你想一想！這根本不合理。

不幸地，如我們所見，很多人習慣拿自己和別人比較，藉此決定自己本身的價值。根據我們的心智模式，**為了讓自己感覺良好，必須有人「不如」我**們。而我們開始拿自己最表面的特質做比較。有沒有可能為了感覺自己比別人好才夠好，我們批判和譴責和我們外表和行為不同的人？

目前，這條思路完全沒有否定或抹滅很多族群經歷過的苦難和歧視歷史。相反地，如果正確表達為無法容忍的主觀結果，那麼這個歷史就能夠成為轉化學習所需的知識和經驗。對於自己是無可選擇的某個族群份子，在出生前的某個時候歧視另一族群的人——或者，對他們犯下難言的暴行——與其覺得羞恥，還不如承認那是洞察時刻的機會。

所以，這就是改變的動機：如何轉化不適用心智模式的最重要因素。或許長久的歧視歷史，以及我們多數人面臨主觀未經約束的後果時經常產生的不義和作嘔感受，能夠成為改變的催化劑，而不是成為內疚或羞恥的理由。所以對話必須轉移至二個方向，一是不再適合根據破壞性偏見行事的理由，二是增加包容性會提升人類個人和專業生活的價值。如同所有的心智模式，扭轉偏見也需要時間；但重點是它需要實現的渴望和決心。所幸根據研究顯示，只要有充足動機，人類足以教導自己杜絕偏見，連他們的IAT測試都可能回到清白的狀況。

成為客觀領導者意味著不根據他們沒有選擇的表面差異，評判或分類他人。作為客觀領導者，代表承認有關膚色、種族、性別種種的社會心智模式，造成不公平的回應，減少了創造力、包容性和合作關係。身為客觀領導者，意味著選擇針對「事情本質」做反應——雖然那個人看起來不一樣，但是一定有獨特的觀點和辦法值得公司重視。正如你想要獲得尊重和得到回歸自我的自由，身為客觀領導者，這意味著你要給予所有人——無論其外表、宗教，或任何不同於你的形式——成為和表達他們原來自我的自由。假以時日，你能夠根據這個事實建立新的心智模式，幫助你適當回應身邊每個人。

反刻板印象的經驗

動機和承諾是**逆轉偏見**的必要條件，但大腦神經可塑性才是讓我們轉變的機制。有很多例子證實，對於某個團體存有偏見的人，只要看見其正面形象就可以減少偏見。比方說，上述測試由黑人執行時，受試者即減少對於黑人的隱約偏見。這讓人想起黑人典範，諸如前總統歐巴馬或籃球巨星喬登（Michael Jordan），也會降低種族偏見分數。區區幾秒的干預就有維持至少二十四小時的效果。

進行逆轉偏見的過程中，對於你可能持有偏見的團體，你也可以利用和他們相處的新經驗建立反刻板印象。再次重申，轉換的條件是，身為主體的你透過新的資訊、知識、思路和經驗鼓勵自己反駁固有偏見，以不同的眼光看事情。你發現自己認為，真相根本不是如此！原來不是這樣！有些人自願在多元化團體工作或擴展工作以外的生活圈，結果大獲成功。你可能會考慮參與社區的文化活動、出國旅行或學習新語言。這些方法對於擴展看待和自己不同的人的觀點，都非常有效。

讓人振奮的是，我在一次又一次的討論會中證實，一旦坐下來確實將個人的一些潛藏假設想過一遍，將假設帶進有意識的自覺，你幾乎就不可能再擁有它們。自覺的觀點本身就足以摧毀它們。結果僅僅變成一個打破習慣的問題。但是就我們所知，有時候打破習慣非常困難——雖然可以辦得到。只要你轉變成功，就可以有意識地重新連接大腦。此外，每當你打斷自動反應和做出不同回應，你就在訓練自己的大腦做出不同激發。

一般而言，大家在各自反省並且和夥伴分享心得以後，儘管還存有些許羞恥感，多數人都很積極努力改變自己的行為，並且更客觀回應和自己不同的人。多數人認為，如同擁有其他養成、採用、吸收和從未質疑的心智模式，他們同樣有能力改變、成長、變得更加客觀、成為更好的人、成為更成功的領導者。

請切記，**我們依照心智模式適應這個社會**，那些模式定義我們看待世界的方法，以及如何和彼此溝通的方式。從小我們就學到我們的價值評量和他人有關——有人必須比我們糟，我們才顯得更好。有些心智模式還會引發衝突和全球長期以來的所有形式分離主義。從來沒人教我們，有許多致使我們批判和譴責彼此的心智模式，我們得以挑戰和戰勝的客觀事實。這些心智模式已經失去控制地增加，人性現在面臨淪喪的可能。

為了處理這些問題，我們必須鼓起勇氣質疑、揭露和改變這些讓我們落入分離主義困境的心智模式。下面是我們所能做的事：

- **了解和接受我們內在的主觀**。被貼上種族主義者或另一種「ＸＸ主義者」標籤的恐懼和羞恥會引發否認和排斥反應，但現實中我們人人皆有偏見。我們沒必要為了五歲形成的舊有心智模式和偏見而感到羞恥或自責，但是成人以後，我們必須為自己的反應負責，所以我們必須察覺和控制自己的判斷和行為。
- **學習和選擇增加自己的客觀**性。我們一旦了解和接受內在的主觀，我們必須有意識地選擇學習看見事物的本質，不投射我們自己的詮釋或假設，尋求理解他人的觀點，並且以周到、謹慎和適當的方式回應所有我們遇到的人。
- **確認我們的心智模式，接受我們所相信的事情可能有誤的可能**。我們可以注意自己的觸發點，確認自己有關種族和其他差異準則的心智模式。舉例而言，當我們遇到和自己不同的人，我們可以注意對方是否會引起一種不自在的生理反應，例如生氣、恐懼或不安。這可能是不自覺偏見的表現。藉由察覺自己的心智模式和偏見，我們可以學會如何在自動和主觀回應前暫停一下，我們可以選擇更友善和更客觀的回應方式。我們必須鼓起勇氣質疑自己的行為和潛藏假設，培養更有效的新方法理解他人和回應所有人、情況和事件。

- **轉換具破壞性和傷害性的心智模式**。我們察覺自己的偏見以後，必須立即選擇使用才智培養新的思維、推理和行動方式。我們會持續看見可恥的偏頗表現，直到我們奮力抵抗內在的主觀，推翻我們無力控制認知過程和自動反應的看法。對於貶低我們或他人和造成傷害、憤怒和分歧的偏見、心智模式和思維模式，我們並非無能為力。我們無法不在意、不質疑自己的假設，我們可以有意識地選擇所有經歷的反應。
- **改變對於新知的反應**。如前所述，大腦具有神經可塑性，我們都有這個改變能力。我們都有力量選擇客觀回應，分辨何者正當、正確和恰當，並且實際採取行動。此外，我們每次打斷自動回應和選擇不同反應時，我們等於鬆掉了那些神經連結，創造了新的路徑，激發對所有人的包容和同理心行為。

- **幫助少數族群年輕人打敗他們每天遇到的心智模式**。因為我們內在的主觀長期不受約束，因為有太多馬汀這樣的青年，我們傳播了惡性和危險的循環。我們現在了解，別人對我們的看法形塑我們的自我概念。因此很自然地，我們的少數族群青少年將這些情況投射在自己身上。很多人採用具破壞性的心智模式：「我永遠做不到」，「我根本沒有機會又何必嘗試」，或是「我不是被退學，種族區隔、坐牢，就是早死的下場。」因為這些心智模式太過強烈，多數的少數族群年輕男性可能會被遺忘，因為他們不相信自己有所選擇。作為成人，我們都有選擇。我們可以更客觀地回應自己的經驗，藉此改變他們的經驗。我們也可以教育和授權少數族群青年，實際上是所有的年輕人，讓他們了解，他們不必接受或採用別人看待他們的心智模式。他們擁有挑戰命運的力量。他們能夠選擇以不同的方式反應他們所遭遇的事情，創造自己人生的新機會。

行動計畫：練習六

為了幫助你扭轉偏見，請回答以下問題並寫下答案：

1. 當你看見自己懷有偏見的族群的某個人，你的心裡有什麼想法或印象？
2. 一般來說，你對那個人會有什麼舉動？
3. 你和此人開始互動時有何感受？比方說，你害怕嗎？你有自覺自己會如何反應嗎？
4. 你對此人的反應讓你有何感受？
5. 你從哪裡得到這種想法或印象？何時？
6. 什麼心智模式或刻板印象主導此事？
7. 你擁有這個印象多久了？
8. 你的判斷基礎是什麼？
9. 這是事實嗎？
10. 這公平嗎？
11. 你想要改變你對此人的判斷和回應嗎？為什麼？
12. 什麼新的或公正的想法可以取代這些舊觀念？
13. 關於此族群，你需要何種新資訊或論點幫助你轉移心智模式？
14. 你想要什麼經驗幫助你克服這個偏見？

8

管理團隊和組織變革

正如我們個人的心智模式影響我們對於所有經歷的反應，組織心智模式也決定了人如何彼此互動、如何完成工作、如何評估行為和定義成功。多數人根據在組織所感知的心智模式，產生自己工作上的個人心智模式。

客觀的領導者必須明白，**領導的成功與否直接與個人的心智模式效能相關**——意即心智模式引導預期行為的程度。聽起來好像很簡單，但通常不是如此。為了增加客觀性，領導者開始確認和評估個人的心智模式時，必須面對幾項挑戰。

首先，如果領導者的本質直接和組織規範的成功定義產生衝突，他們多數會感到挫折。比方說，公司文化是一天工作十二至十五個小時和週末加班。但對有家庭的人來說，這很難配合。至於其他文化方面，社交／人際網絡部分是成功的關鍵因素，所以害羞或內向的人可能會覺得很不自在。為了因應此問題，領導者努力成為他們天性並非如此的人。

例如，我們可能自以為是包容且公正的人，然而有時候，我們的無意識偏見迫使我們做出意想不到的反應。同樣地，很多人想像成功的領導包含有效的合作，然而我們個人的心智模式，例如控制心智模式，卻讓我們的行為造成反效果。領導者還有另一項挑戰，那就是出現無用的組織心智模式，例如好勝的孤島心態，某些部門或團隊不肯和同公司的其他部門分享資訊，由此破壞了實現既定目標的能力。以此類推，如果領導者在推動轉化無用的團隊心智模式期間，有團隊成員的個人心智模式介入干預，也會產生問題。

最後，領導者最大的挑戰是領導大規模的改革措施，直到整體組織文化得以轉化。

在本章中，我們會分別檢討這些領導方面的挑戰並討論克服的方法。

組織 vs. 個人的心智模式

微軟前執行長鮑爾默是成功領導人的完美典範，他為了符合當責者的角色而努力改變自我。

一方面，他的行為如同既往的角色——銷售支援部門高級副總裁、系統軟體部門高級副總裁和行銷部門副總裁，員工習以為常並讚譽有佳。不過一旦成為執行長，他培養了一種心智模式，強迫自己變成自己不是的形象。安德羅（Rob Enderle）在《數據自動化》（Datamation）雜誌刊登的文章寫道：「鮑爾默在擔任執行長以前曾是微軟的啦啦隊隊長，你可以說，那是他們很大的資產。但他幾乎放棄了那個功能，無法真正重新振作，他採用了對他或對公司都毫無用處的古板企業性格。他好像想成為自以為執行長應該的樣子，而不是執行長的樣子。他幾乎等於被複製了，而這個複製體失去了許多鮑爾默成為執行長前表現傑出的技能：他的熱情、他的公正，全部似乎在短短幾年間消失殆盡。」而這也許是他成為執行長以後事業走下坡的開始，我們稍後再回來討論。

組織和個人心智模式不同的問題，商場上的女性也經常碰到。有時候我們為了新職位採用的心理模式，經常很沒有效率。有些女性持有一種心智模式，他們認為必須表現強勢和裝酷才有辦法成功。除非你正好是如此個性的人，要不然，拚命想成為你認為別人想要的樣子並非長久之計。你不但會很不快樂，你的缺乏真實感通常也會很明顯和無用。同樣地，《美國高等教育記事報》期刊最近有篇瑞德蒙（Deidre L. Redmond）的文章，標題為「黑人女教授的『刻薄不刻薄』掙扎」（A Black Female Professor Struggles with 'Going Mean'），文中討論少數族群女性在學術領域的挑戰。她們的心智模式是她們「無法得到權威認可和白人男性同事的尊重，除非他們採取刻薄路線，變得冷酷和我所謂的易怒。」因此，有些少數族群女教授為了成功，徹底改變了他們的個性。

為了避免這個謬誤，領導者首先必須在假設引導自己的行為之前，質疑自己的心智模式。以鮑爾默為例，重要的問題是，「**真的無法同時做自己並且成為傑出的執行長嗎？**」支持這個想法的證據是什麼？反駁此想法的證據是什麼？為了成為客觀的領導者，你必須在做假設的同時，問自己這些問題。女人要成功，真的必須表現出不同的行為嗎？實際上，你已經擁有的本質能否讓你更成功？切記，客觀是看見和接受事物本質，包括你自己。客觀的領導者必須很了解自己，珍惜原來的自我，所以無論你扮演什麼角色，你永遠是你自己。如果你發現自己在一個無法同時成功和做自己的環境，我會鼓勵你找到可以做到的環境。

降低領導效率的個人心智模式

近來針對一家信譽卓著的大型醫療中心領導團隊，我訓練他們利用更客觀的方法增加領導效率。這家醫療中心成立於一九七二年，提供波士頓外圍的弱勢群體醫療服務。我很少遇見如此認真的領導小組，他們對於自己的社會使命，一致展現無比的熱情。這六人小組已經合作很長一段時間，非常信任彼此的工作熱忱。執行董事莎拉（Sarah）經營該組織超過三十年。她是智慧、仁慈和效率的獨特綜合體。她個人很關心每一位員工，總是找機會改善員工彼此的溝通和合作。

在此高階管理團隊的第一次會議中，我們清楚地了解一點，莎拉的心智模式對於團隊的整體效率有很深遠的影響。因為小組成員參與有限，他們每週進行的會議變得很沒效率。組織上下一致的看法是莎拉負責所有決定，高階管理團隊凡事都必須得到莎拉的許可。他們確實很熱愛工作，但是無法發揮高階管理團隊應有的效能。

我開始要求高階管理團隊的各個成員，針對他們在該組織發揮的作用，描述他們持有的心智模式。我們從執行董事「莎拉」開始進行，她說自己的心智模式是「我必須解決每件事。」結果證明，她個人的心智模式影響了她的所做作為。

「麥克」負責以病人為中心的團隊，他說自己的心智模式是為他的部門和決策負責。莎拉公開發表自己的意見，「我希望所有人自己做決定，擺脫我的影響。」「珍妮特」負責監督所謂的B團隊，她坦言認為並非如此。她說，相反地，莎拉似乎喜歡自己做決定，不讓他們任何人參與決策過程。莎拉聽到這樣的回饋非常驚訝。她回答，以她的角度來看，她經常詢問他們的意見，但因為沒人回應感到很沮喪。該團隊聽到莎拉歡迎他們給予更多意見和參與，也甚為驚訝。客服中心營運長「達拉」坦言，他們提供莎拉意見時，往往不知道意見是否被採納和其最後結果。莎拉說她一定能改變此事。負責護理部門的「愛蜜莉」提到，她找莎拉談過其中一名員工的狀況，她認為莎拉不相信她對情況的詮釋，並且想要直接和相關人士談話，進而做出自己的決定。莎拉回應，經過二十年的合作，她絕對信任愛蜜莉的評估，不會想找別人談。愛蜜莉承認，因為她自己的心智模式，她可能太想保護自己，現在知道莎拉相信她的判斷，她覺得很安心。

你能想像莎拉在此當下的可能心情嗎？她覺得尷尬嗎？她覺得不受支持，或甚至被自己的員工打擊嗎？不，她沒有。她很驚訝，跟我們大家都一樣，第一次的會議如此公開、坦誠和迅速。她公開承認，在沒有意圖的情況下，她的「我必須解決它」心智模式迫使她時時刻刻事必躬親，讓團隊認為她不想得到他們的意見。該團隊立即看到他們個人的心智模式**加上**他們對彼此的假設，如何一再削弱他們有效合作的能力。

以客觀環境為架構，我們建立了安全領域，讓大家在此沒有理由認為事情針對自己。麥克公開表示很高興自己的高階管理團隊進展如此迅速，而且了解別人的觀點非常重要。身為作風強硬、直接投入型的管理者，他說很擔心這個過程會耗費太久時間。「我們沒有時間給予溫暖和模糊的東西，或擁有祈禱時刻。我們常常必須根據病人的需求迅速採取行動。」他們都很同意這一點。重點在於發展出有效促進理解的自然溝通方式。利用學人聖吉（Peter Senge）首次研發、隨後發表於著作《第五項修練》（The Fifth Discipline）的「推論階梯」，我們找到下列簡單用語作為彼此對話使用。這些關鍵用語都基於一個前提，即首要考量不是強行灌輸自己的意見，而是了解其他人：「幫助我了解你對此事的看法。」「你有什麼假設或經驗，導致你下此結論？」「我的假設是……」或是「我對此的詮釋是……」或是「我假設……是正確的嗎？」「我對你的理解是……，沒錯吧？」我們會後都覺得這種溝通方式很有效，很樂意做此練習。

這次會議確實接連推動更多事情。一旦大家都理解了彼此的心智模式，以及何種模式有助於或妨礙有效合作的目標，我們隨即開始建立支持新模式的新過程和程序。比方說，有次會議我們建立了做決定的架構。我們詢問各個小組成員目前在做什麼決定，以及他們認為自己應該做什麼決定。在有些情況下，只是授權莎拉的業務助理「班」的問題，他不必先和莎拉確認，即可回應特定高階管理的要求。其他情況就如同寄給特定人士郵件副本一樣簡單。他們發展的架構界定何時需要莎拉的參與，何時不需要，團隊每位成員都得到充分授權。隨著高階管理團隊迅速緊密合作以後，我們也希望支援他們各自的團隊。我們找到似乎妨礙組織整體團隊運作的組織心智模式。他們稱此為「等級心智模式」（hierarchy mental model）：位在組織低階的人士（醫療助理）感覺他們無權說話，他們覺得自己的意見不受重視和尊重。強化此模式的原因在於高層人員（醫師和部門主管）沒有尋求低階員工的意見（醫療助理和客服中心員工），反而只希望得到同輩的意見。所幸，高層管理團隊迅速承認，基於他們的任務以及每位員工與患者有一定程度的互動事實，這個模式會減弱他們為病患提供最好醫療的實力。

這尤其影響麥克以病患為中心的團隊。他的團隊組織以整體病患照護為考量。這種以病患為中心的團隊，根據每位病人的個別需求，透過各種專業供應商提供一系列醫療照護服務。比方說，一名病患可能接受例行體檢、注射流感疫苗、糖尿病衛教和支援、營養諮詢、心理健康輔導和家庭輔導等等。這是等級模式可能發生危險的地方。以病人為中心的團隊包含醫師、心理醫師、社工、護理師、醫療助理和入院／檢傷分類護理師和護理師助理，所有人都與同一名病患互動並獲取其資料。然而，因為此等級模式，麥克發現以病人為中心的團隊不見得能夠有效溝通。麥克很清楚地知道，成功轉換此心智模式將有助於團隊更加理解病人的需要、更容易統籌病人照護計畫，進而達到每位病人的最佳療效。

身為領導者，你必須了解組織的心智模式和可能減少效率的思維和互動方式。雖然人類無法有效溝通的理由可能多不勝數，但這通常都根植於未被承認和未經約束的錯誤假設和感知。在有些組織例如醫療中心和醫院等，承受的風險太高。我很欣賞麥克的領導能力，因為他希望在造成醫療照護歧見之前，提出這項常見的議題。

轉移無用的組織心智模式

麥克和我會面後制訂了一項計畫，有助於轉換其團隊等級心智模式。我們的方法是提出此議題並啟發對話，談及此模式可能如何影響團隊合作以及最重要的病人照護。二十位以病人為中心的團隊成員首次聚集，我們一開始先打破僵局。

我請每個人分享他們生命中最熱愛的事情，一些可能別人不知道的事，以及他們最喜歡在此醫療中心做的事。為了轉換無用的團體心智模式，建立團隊成員之間的友情和信任非常重要。而建立為組織運作具有正向因素的共同點也同樣重要。我必須重申，他們因為幫助他人的使命感而彼此團結的精神很令人感動。我們和麥克結束了圓桌會議。麥克有點不習慣如此軟調性質的會議，分享了在醫療中心最喜歡的工作以後，他直接切入主題，表達他對等級心智模式的顧慮，以及此模式如何影響醫療照護。

首先，大家很小心地說他們了解其他組織有這個問題。他們不想承認醫療中心也是如此。麥克插進來說，好，確實有這個問題存在，但他認為他們可以協力改變它。作為領導者，你必須願意開誠布公，但要有建設性地指出顯而易見但避而不談的事實。以這個例子來說，大家表示他們最喜歡醫療中心的部分是人。顯然他們不想認為彼此溝通不良。以此開始了公開談論相關議題的方式。備受推崇的醫師「吉姆」談到他對一組特定病人所犯的錯誤。他說真希望當時有人能把他拉至一旁，對他說他的行為舉止已經無意間冒犯了病人。吉姆得到的回饋是雖然很多人都注意到了，但他們覺得說出來很奇怪，因為他是醫生。他們假設醫生不想被告知自己犯了錯；他們預期說出的後果。吉姆向他們保證，如果溝通得當，他很樂於接受回饋。他們都同意如果彼此無法公開交流，可能會危害到病人。該團隊也談到擁有較高身份地位的團隊成員，容易妄下決定，沒考慮到此舉會如何影響到組織其他人。有些團隊成員解釋，那表示組織低階成員的影響沒那麼重要，於是更加強了低階員工的心智模式，他們沒有平等的發言權和意見不受重視。

為了取代這樣的等級心智模式，該團隊具體提出新方法，他們稱為全員參與心智模式，其中陳述，「病人為第一優先，我們所做的一切都要以病人需求為主。團隊中的各個成員都有其獨特和有價值的觀點，為了參與病患照護計畫和做出貢獻，必須彼此分享。該團隊是一體且互相依賴，因此如果有任何變動，大家必須評估、討論和交流對於組織所有階層的影響。」

我們專注確認可以在組織各階層採取的行動或改變，以便支持這個新的心智模式。比方說，該團隊發現，為了讓此心智模式可以運作，他們必須先確認他們在小組會議時互動的方式。他們確定為了激勵其他人全力投入，他們必須採取新的溝通方式。他們確定有人參與並提出意見時，不能加入任何批判；必須認可此人的觀點、專業和貢獻。我們也注重整個組織所需的所有交流，藉此加強和延續這個新運作方式。

最後，我們發展一套系統評量其進度。我們都同意每週會議議程撥出十五至二十分鐘分享新心智模式的經驗。其目的是找出運作良好的情況；注意和表揚改善之處。我們也討論因為行不通而團隊回到舊有心智模式的狀況。

請記住，在情況很緊張、事情迅速發展時，這是醫療機構常見的事，有時候我們會恢復舊有思考和行為模式。客觀領導者必須密切檢驗這些情況，決定新模式和舊的運作方式之間的隔閡是組織還是個人造成。如果是組織方面，可以意味著此心智模式需要做某些調整或改善，或是必須執行更多支援過程或程序。

舉例而言，為了讓大家更認真參與小組會議，麥克開始在下次會議的前幾天，發信概要說明上次會議的討論內容並附上議程。在信裡面，他特別請求大家思考下次討論的主題並準備分享自己的看法。如果差距出於個人方面，因為個人無法透過新的觀點思考和行動，那可能表示新的心智模式和個人的心智模式有所衝突。很常見的是，一個人明確地支持組織新心智模式並了解此模式對組織的重要性，然而他們個人的心態還在妨礙他們接受新的模式。

例如，護理師助理「賈斯汀」為了這個新的全面參與心智模式，正不知如何是好。雖然他認可其重要性，但個人的心智模式讓他無法接受。賈斯汀很害怕在會議中表達意見，直接和大家面對這些議題或考量。諸如此類的例子，客觀的領導者可以協助員工採用新模式。

和團隊心智模式抵觸的個人心智模式

協助員工變得更客觀正好對領導階層很有幫助。客觀的領導者能學會辨別員工的行為何時和其既定目標不一致。此時通常表示這個人擁有掌控該行為的無意識心智模式。這裡的重點在於幫助此人找出有限制性的心智模式，創造洞察時刻和轉換機會。必須由該員工的行動開始。首要步驟是**認可**。在這個例子中，重點是此員工認可新的全面參與心智模式很重要。請問賈斯汀：你對我們的新模式有何看法？你認為如果我們都能夠改善這個部分，會帶來什麼影響？這些都是開放性問題，可以協助你發現賈斯汀對於新團隊模式的想法和感受。

下一步是**認識**。本著不批判和支持的精神，幫助員工認識需要發生和確實發生的事，以及結果是什麼之間的差距。領導階層傾向指出問題，絕對不問員工為何他們如此作的原因。請問賈斯汀發生了什麼事。讓他描述其狀況、他的感受和反應。關切他當時的感受。員工若出現行為不一致時，通常是因為他們很擔心或害怕做他們知道應該做的事。請問他基於新的團體心智模式，他可以怎樣做出更好的反應。

再下一步是**確認**。請問賈斯汀當時他有什麼假設，導致他無法如預期地反應，以這個例子來看是公開發表意見。原因可能只是害羞這麼簡單，或可能是文化因素。在有些文化裡，公開發表意見或向長輩回話是無法被接受的事。也可能是因為不安：「我不夠好」心智模式。關鍵在於了解和團體心智模式互相抵觸的個人心智模式，然後同心協力，為此人製造機會支持此團隊模式。

最後一步是**授權**。身為領導者，你可以訓練每位員工變得更客觀。尤其是你和員工可以制訂策略，轉移無用的心智模式，這意味著幫助員工發現他們舊有的思維方式不再有效或有用。舉例來說，如果是關於被取笑的不安全感所致，僅是回應員工別擔心，事情不會發生是不夠的。該員工必須利用新的資訊和經驗得到洞察時刻，藉此轉移心智模式。你能做的貢獻是幫助他們創造抵抗舊有心智模式的經驗。

如我們在第六章所述，有些毫無用處的心智模式從小就已形成。也許在某個經驗裡發生過強烈的情緒反應，於是與其相關的假設、結論和感受都深植在我們的神經網絡。也許這個經驗只發生過一次，但力量足以強到變成主要的心智模式。而且無論是否正確或有效，我們從未質疑或檢視。我們從未停下來省思自己有多常用同樣的觀點面對情況，以及造成什麼影響。我們的目標在此：幫助員工反思其心智模式，並且利用如下問題決定該模式是否適用：

- 你多常看見這種心智模式出現？
- 有沒有可能過去該模式是真的，但現在不是？
- 你認為對此發展新的思考方式更有利於自己的工作和事業嗎？

一旦員工了解團隊心智模式對於培養領導能力的重要性，接下來你就要提供他們成長機會。比方說，也許與其強迫賈斯汀在會議中公開表示支持團隊的心智模式，還不如鼓勵他帶領小組討論他擅長的特定議題。或是鼓勵他發信針對下次會議即將討論的某個特定議題，表達他的意見。一旦他收到你的正面回饋並取得信心，你就可以召集他參加會議。這說來像輔導課，但其實是人才培養。當你能夠幫助擁有其他才能的員工培養客觀，使其成為新的領導能力，這對整個組織都很有利——當然，收穫最大的是員工。

處理大規模變革措施

領導者必須能夠管理變革。問題是絕大多數的變革措施都以失敗告終。由《華爾街日報》記者蘭利（Monica Langley）負責的一系列專訪中，鮑爾默描述他的變革工作遇到很多阻力，因此他斷定自己應該下台。事情發生在二〇一二年，鮑爾默在和董事會激烈的通話過程中，確定微軟董事會不滿意他的表現。微軟雖然將傳統軟體業務經營得有聲有色，卻錯失了同業中的劃時代變革，包含網路搜尋廣告和顧客轉移至手機設備和社群媒體的部分。

董事會對鮑爾默施壓，讓他「重新啟動」和加速變革。他告訴董事會，他想要帶頭衝刺，直到他小兒子中學四年畢業。董事會和他都同意必須進行組織改組，重新調整具有未來成長機會的業務，例如手機設備和網路服務。「董事會成員『沒有逼迫史蒂夫下台，』」負責執行長招募委員會的長期技術主管湯普森（Thompson）表示，「但我們逼他盡力跑得快一點。」[3] 在如此大的壓力之下，鮑爾默知道他的重新啟動計畫必須進行全面的企業改革。他聯絡老友慕拉里（Alan Mulally）尋求指引，此人透過團隊合作成功徹底改造福特公司，同時簡化福特的品牌。「這對鮑爾默而言是個警訊，過去他以蠻幹精神管理這個軟體企業龍頭，他承認自己『塊頭大、禿頭、嗓門大，』，他領悟到過去超過三十三年以來，他協助建立的微軟文化，其中包括企業各自為政，同事之間經常彼此鬥爭——這是微軟全盛時期刺激革新的競爭環境。

然而，如今這個文化有時讓團隊只在意自己的慣例和盈虧狀況，無法考量以技術的主要方向和微軟整體。他記得當時的想法：『我要重編我的整個劇本。我要重塑我的整體品牌。』因此鮑爾默快速地進行干預。」

但問題是，大規模的團隊合作不屬於鮑爾默的心智模式，也不是該組織心智模式或文化的一部分。他試圖突然改變個人和組織的心智模式，造成即刻的反彈。例如，大家早已適應他的領導心智模式，他會個別和微軟的單位主管交換意見，經常指揮和要求成果。在此新的團隊合作心智模式之下，他開始邀請他們到他辦公室圍坐在一起培養感情。「這是他領導風格的根本變革，蹣跚的企業文化變革。『這完全不是公司在史蒂夫三十多年領導下的運作方式，』執行副總裁納德拉（Satya Nadella）說。

以另一個例子來說，執行副總裁陸奇（Qi Lu）提交了一份五十六頁有關應用程式和服務的報告。鮑爾默把它退了回去，堅持只要三頁的內容——為了推動合作所需的簡化作業新指令。陸先生反駁他：「但你以往都要數據和詳細內容！」鮑爾默先生承認他的資深團隊對這個新的史蒂夫很困惑。有些人進行反抗，無論大事——結合工程團隊——或小事，例如每週的進度報告。」[5]

「鮑爾默先生說他逐漸明白自己訓練的主管見樹不見林，很多人不打算接受他的新指令。在二〇一三年五月，他開始懷疑自己能否符合董事會要求的進度：「無論我多想要儘快改變，所有組成要素——員工、董事、投資人、合夥人、供應商、顧客等任何部分——都很猶豫要不要相信我對此事的認真態度，也許連我在內，」他說。在華盛頓州貝勒威（Bellevue）舉行的六月份董事會上，鮑爾默告訴所有董事：『雖然我很樂意在這裡多待幾年，但對我而言，開始改造和中途再讓別人介入非常沒有意義。』[6] 鮑爾默在二〇一四年八月二十一日，正式從微軟退休。

我們當然可以讚許鮑爾默在微軟三十三年的生涯成就。不過在下個章節，我們會強調由鮑爾默經驗的相關報導中學到的幾個重要教訓，藉此協助你以更客觀的方式處理如此龐大的變革措施。

變革措施：「人」的因素

管理學人科特（John P. Kotter）在他的《變革領導大考驗：轉型此路不通？》（Leading Change: Why Transformation Efforts Fail）中提到，變革措施失敗的主因之一是「**主管低估了迫使人離開舒適圈的難度。**」[7] 如前所示，我們在職場的作為趨向自動化。在組織各個階層從執行領導階層到個人貢獻者、我們在會議的互動、我們和上司的互動、我們進行會議的方式、我們管理他人的方式和我們溝通的方式，都已變成例行事務和我們部分的預期。我們很習慣自己在職場的行為模式。問題在於我們的大腦有很強大的保護機制，加上激烈爆發的神經放電，讓我們對「錯誤」有所警戒，神經學家稱此為預期和現實的感知差異。因此，就連試圖稍微調整一下例行程序都會讓我們感到不安，甚至驚慌失措。

洛克和史瓦茲在其文章〈領導力的神經科學〉（The Neuroscience of Leadership）如此描述：「試圖改變別人的行為，就算擁有最正當的理由，還是會讓人感覺不安。大腦釋放事情不對勁的強烈訊息，降低了高階思考能力。改變本身加強了緊張和不安；管理者（從他們的階級職位可能無法以下屬的觀點看待同樣的事件）往往低估了執行面固有的挑戰。」[8] 不用說，鮑爾默的高階領導團隊做出了反抗。他們不只被要求改變已變成自動化的事情；還被要求忘掉所有在微軟所學的相關致勝之道。所有的規則都改了，而且沒有新的劇本。這肯定讓人無所適從。

領導變革措施的人必須了解，改變可能會讓人感到不安與茫然；即便在最好的情況下，改變對士氣的影響也不容忽視。

變革措施：建立和培養「改造團隊」

聽起來鮑爾默似乎沒什麼選擇，因為他不斷被迫加快變革腳步。然而，領導變革措施的第一步是建立改造團隊，負責設計和管理變革過程。當你負責領導改革，你必須讓公司所有功能領域的領導者主動參與和投入。在第一次和改造團隊開會時，坦率直言組織面臨的挑戰和／或機會，並建立一種急迫感。首次會議的目標在於讓每位領導者理解組織變革的重要性。其目前狀態和最後狀態都必須清楚說明。每位領導者必須相信且能夠清楚表達「這是我們目前所在位置、我們的現況但這是我們需要的位置，最後狀態或預期狀態。」以微軟的例子來說，軟體業務表現突出，但微軟想要成為公司和個人設備與服務的主要供應商。

接下來是達成參與協議。改造團隊必須發現針對預期狀態或改造過程的隱藏假設或心智模式。團隊領導者理應鼓勵團隊成員說出他們的假設。領導者應該定下規矩，任何人都不可以立即評論表達的內容；目標是把每件事攤開來說，不帶批判性。如此一來就可以解決剛開始的反彈聲浪，但更重要的是，變革措施領導人也能夠在客觀評估假設的過程中領導團隊。在此初始階段，自然而然改造團隊成員表達的假設如下：

「我認為，如果我們試圖改變，恐怕會失去重要人才。」

「我們的人沒有完成變革所需的配套技能。」

「其他公司試過這個變革方法都失敗了。」

「變革的負擔會落在我的小組身上。」

「我們會必須建立一套全新的程序和政策，但我們沒時間進行。」

身為領導人的你，非常重要的是投入足夠的時間並且收集所有白板上的假設。然後針對每個假設提出這些問題：

什麼原因讓你做出這個結論？確實的證據是什麼？還是證據正好相反？這個假設有效嗎？它指出我們未來需要解決的問題嗎？關於此議題可能有助於變革的新思維方式是什麼？此刻的目標是讓改造小組建立溝通方法，以便在整個變革過程中處理其中的擔憂和假設。只要改造小組學會如何客觀進行流程，確認和評估他們自己的潛藏假設，並且找到新的思維和行動方式支持其最後狀態，下一步要廣泛確認組織的心智模式，哪些有益於新措施，哪一些具有破壞性。

變革措施：確認「組織心智模式」

正如我們個人的心智模式影響我們對於所有經歷的反應，組織心智模式也決定了人如何彼此互動、如何完成工作、如何評估行為和定義成功。多數人根據在組織所感知的心智模式，產生自己工作上的個人心智模式。如我們之前討論，有時候這會讓人感到安心，有時候不會，但無論如何，員工為了適應組織文化，都已形成一種固定思維和行為模式。改革不會成功，除非找出這些心智模式，評估並加強或改造。以微軟為例，顯然他們各自為政的競爭文化逐漸融入許多員工的行為裡，力量足以危害公司的變革。

因此改造小組必須發展加強、支援的方法，以及善加利用有利於新措施的既有組織心智模式。此外，對於那些和預期狀態相互衝突的組織心智模式，如本章先前所述，重點是開始改造心智模式的過程。以微軟為例，鮑爾默不得不承認，企業既有的各自為政和競爭文化讓大家抗拒全新的史蒂夫和團隊合作組織心智模式。企業徹底改造所需的員工和小組之間的合作和信任並不存在。儘管很多人可能理論上支持新模式，實際上，大家各自基於既有的文化，建立了自己的個人心智模式，而其中似乎沒有人關切或撥出時間處理此議題。

變革新措施：建構「能力和里程碑」藍圖

很遺憾，微軟的董事會施加了太多壓力讓鮑爾默加緊改革腳步。除了低估了驅使他人離開安樂窩的難度，導致變革措施失敗的另一個重要原因如科特所言，「管理者沒發現改造是一個過程，而不是事件，需要花好幾年的時間。加速其過程的壓力會降低成功的機會。」[9] 進行變革措施的領導者應該盡量不考慮到時間。如果潛藏在過程中的心智模式是我們必須快速改變，焦點會變成獲得快速結果與最佳結果。

請記得，**表現壓力和風險增高時，我們無法看見事物的本**質。與其考慮時間，不如思考其穩定進展和里程碑。只要改造團隊界定了既定狀態和最終狀態，並且確認了支持或破壞最終狀態的組織模式，接下來是建立能力和里程碑地圖。下頁是可用來記錄和溝通其過程的圖表。

能力和里程碑藍圖的左欄理應清楚界定整個組織的目前狀況，以營業額、市場地位、創新、競爭優勢等做考量。重要的是確認現有的組織心智模式、執行工作的方式，以及小組和個人彼此的互動模式。圖的右欄應是最終或預期狀態的特定組成要素，包括支援所需的組織心理模式。圖的中間部分是改造小組在不受時間約束下，理應徹底思考和建立一串組織必要的清單，以期滿足整個變革過程中的市場需求。該團隊應該建立整體組織的里程碑和最終狀態目標，然後再針對各部門進行。

比方說，如果必須藉由更新ＩＴ基礎建設達到最終狀態，在能力和里程碑藍圖上就必須清楚界定和明白顯示必須保持的重要能力。團隊的各個成員應該要為他們疏忽的變革領域負責。重要的是要了解不只組織改造曠日廢時，設計其改造過程也是如此。分配足夠時間給設計過程有其必要。

客觀變革措施能力和里程碑地圖		
目前狀況	**目前狀況**	**目前狀況**
組織	**組織**	**組織**
· 我們目前是誰和位於哪裡 · 組織心智模式： · 支持或破壞變革	· 列出整個變革過程必須保留的能力項目 · 確認里程碑、標準和溝通時間和方式	· 我們想成為誰和想去哪裡 · 需要持續最終狀況的組織心智模式
功能部門	**功能部門**	**功能部門**
· 什麼是此部門的現有狀況？ · 什麼是此部門的心智模式？ · 支持或破壞變革	· 什麼是支持組織所需的任務重要過程和功能？ · 什麼是特定、可測量的里程碑，可以用來監測和報告，確保整個過程的持續？	· 什麼是該部門的預期狀況，可以用來支持該組織的最終狀態？ · 什麼是該部門必須達成的新心智模式？
操作原則		
當努力達不到期望的結果，那代表一個學習、加強心智模式或改善過程的機會，不是失敗。以可測量項目溝通其進度，並且用有意義的方式表揚任何進展。		

變革措施：溝通

當改造團隊完成過程設計，接下來要溝通整個組織的變革策略。這非常重要。

改造團隊的所有成員都必須回到自己的組織，在改造過程中參與他們的小組。每位高階領導者都必須對自己的小組解釋其挑戰和機會，以鼓勵方式讓他們擁有和參與過程。改造小組已經確定實現預期狀態所需的心智模式變革。每個改造團隊成員的目標都在自己的組織進行，盡力培養洞察時刻，如此員工才會選擇調整自己的心智模式，以求支持變革。舉例而言，作為一名改造團隊成員，ㄇ主管應該和團隊開始其策略設計過程，找出和評估支持或破壞團隊達到最終狀態目標的潛藏假設。ㄇ領導者讓團隊參與設計過程，包含為了達到里程碑和最終狀態目標，團隊所需執行的特定活動、過程和程序。

變革措施：監控和進度報告

最後的步驟是關鍵。

變革措施具有流動性，變數很多：有些可預期、有些無法控制，有些則不可知。於是監控過程變成一種客觀性測試。一般情況下，我們傾向由採取的行動預測特定的結果。我們假設如果沒達到預期的結果，我們就算失敗。然而，這個改造團隊必須依據一個原則，也就是當事情沒發生預期的結果，那只是代表一種學習、加強心智模式或改善過程的機會，而不是失敗。

在早期階段，人在採用新的思維和行為方式期間，他們舊有的心智模式還是會影響其行為。即便在「洞察時刻」之後，如果變革過程遇到挫敗感，員工的決心就會減弱，整個過程也會遭到破壞。所以確認廣泛可測量和可見的里程碑十分重要。比方說，早期鮑爾默試圖達到大規模心智模式轉換，由封閉心理改為團隊合作心理時，如果能給予任務小組廣泛的目標，並且公開認可和獎勵實現的團隊，也許會大有斬獲。這樣的好處是加強新的心智模式，並鼓舞他人擁有洞察時刻。

變革措施不見得要很痛苦，也絕不必失敗或產生小於預期的效果。如果領導者能夠以更客觀的方式處理過程，這絕對能成為有利的媒介，得以培養人才和創造高效率領導者，迎接持續的市場挑戰和機會。練習七會引導你走過理解和改造團隊心理模式的過程，以期提高團隊合作。

行動計畫：練習七

客觀領導和團體合作

設定階段和建立共有點是了解既有團體心智模式的第一步。：

- 由你發起，要求每個人分享自己一些大家可能不知道的事；一些自己很熱衷的事，以及自己最喜歡工作或公司的哪一部分。
- 教育團隊人人都有其各自的工作和團隊心智模式。
- 分享你身為領導者的心智模式。
- 要求每位小組成員分享有關自身角色的心智模式。

發展新的團隊合作心智模式：

- 由你發起，分享個人對於團隊合作和有效性的願景或心智模式。
- 要求每個人分享各自對於有效團隊合作的心智模式。
- 收集各方意見，確認新的團隊心智模式、清楚說明並建立共識—記錄下來！

轉換團隊心智模式：

- 創造這種新思維和行動方式的障礙是什麼？
- 什麼行為或思維方式對此新模式有害？
- 有關自身工作或職務的個人心智模式，何者需要重新思考以期支持新模式？
- 我們需要何種新技巧或過程克服障礙？
- 何種行為和行動得以支持新的心智模式？
- 我們如何評估進展？
- 我們如何知道自己採用了新模式？成功指標為何？
- 基於進展，我們修正新團隊心智模式的過程是什麼？

第五部

THE
OBJECTIVE
LEADER

客觀的創業家

9

客觀領導者和野心勃勃的創業家

我們凡事都要比較：成績、錄取學校、職位、頭銜、車子、房子。因此，創業家有這種想法也沒什麼好大驚小怪。好勝的創業家經常隨意設定成功標竿。

我們目前了解，個人形塑身處環境的方式——他們對於自己、他人和身邊環境的看法，會影響他們生活各方面的經驗。無論他們所選擇的職業為何，所有人的成敗都取決於自己的心智模式，以及如何應對每天遭遇的挑戰和機會。我們越客觀，就越有機會持續成功和快樂。

我們也都學到個人若是帶有情緒，很難客觀面對任何人、情況和事件。如果一個人的自我概念、個人安全感或信仰系統和所遇到的人、情況或事件有所連結，事情就變得很難釐清。雖然這情況幾乎發生在所有人身上，但創業家幾乎不能如此。許多創業因為無法抑制的熱情驅使，帶著孤注一擲的決心開始創業。有些人不想再幫任何人工作。事實上，許多在公司行號上班的人都已厭倦幫別人工作。他們不喜歡公司環境裡經常存在的黨派關係，認為創業是理想的生涯規劃。多數人一開始是兼職創業，因為他們希望獨立和自給自足。在草創階段，幾乎所有人是校長兼工友，凡事一肩挑。他們喜歡當老闆。但在某個時間點，他們必須全力一搏、專注於事業時，他們面臨的現實是沒有再看到進帳，已經到達自己的底線。如果他們有家庭，還會增加情感的投入程度；家人的生計都取決於他們的表現。夜裡輾轉反覆地懷疑，我這樣做對嗎？或是我會讓家人破產嗎？

凡此種種不斷進行，有抱負的創業家真的能夠保持客觀嗎？創業家可能以客觀平衡熱情嗎？我學到的慘痛教訓是，投入情緒可能激起主觀意識，在未經約束下，此主觀可能影響你看見事物本質的能力，導致無法做出正確的決定。因此，考慮創業的人尤其要注意的是，首先確認和評估自己的心智模式，以及對於個人、其他人、身處環境，當然還有創業過程的潛藏假設。熱血創業家必須清楚地了解自己感知、思考和行為的觀點依據，如此他們才能針對自己的冒險事業做出完整的判斷和明智決策。

如我們所見，心智模式是對於事情目前情況和應該情況的固執看法和信念。這些心智模式變成我們感知、詮釋和反應我們生活種種經驗的基本方式。強調「感知」很重要。如先前所述，我們對於事情目前情況或應該情況的信念非常強烈，以致於能夠改變感知本身；我們會看不到或聽不到對別人來說顯而易見的事。

「康士坦絲」是我近期合作的對象，她在一家製藥公司工作，已婚沒有子女。康士坦絲開始經營女性成衣事業。她成功通過概念驗證，這表示她建立了幾家零售商的經銷點，顧客開始買她的產品。目前她為此事業正在尋找更大的零售商。零售商的供應商管理經理以電子郵件回覆創業家的詢問信函，清楚地表明買方目前沒有在找任何新產品，但他們很感謝因此了解了更多相關經營內容。這位創業家非常興奮。她真的認為這代表零售商對她的產品有興趣，但其實不然。或許這很難置信，但康士坦絲確實是該行業最受推崇的領導人。工作上，她總是明確評估狀況，做出最有效的決策，並且不斷被提拔至新的責任階層。然而當事情攸關到自己的事業，即康士坦絲成衣公司，她熱血投入的項目，她就看不清楚了。

「文生」也在早期創業階段，他是公認的男性配件天才設計師，擁有完美的人脈管理技巧，他變成主要零售商的供應商的時候，心情激動不已。然而，因為流動資金有限、人力不足和其他障礙，這名創業家要符合零售買家的條件非常困難。雖然他的產品在這家零售商十個分店裡販賣，事情還是到了緊要關頭，買主通知創業家，他們要停止他的配件進駐商場，秋季不會再下訂單。創業家清楚了解買家的意思，感到非常失望。後來他問自己的恩師，他是否應該寄給買家幾件秋季的樣品。請記得，客觀是看見和接受事物本質。以這個例子來說，一名才華洋溢、有創意、具備實力和工作認真的創業家，儘管深獲人心，他卻無法接受現實，仍舊希望事情有所轉圜。在此重申，這或許不是很理性，但卻是很普遍的現象。以我自己的例子來說，我甚至沒想過我的供應商會和代表百分之七十五銷售額的最大經銷商終止關係。這畢竟不是很合理——至少對我而言不是。但我錯了。

本章旨在協助你評估創業的生涯規劃，接觸有關創業過程的最新思維，和成功創業家真正的思維和行動方式。我們會駁斥有關創業過程的常見迷思。有關該過程的知識在近十年已改變不少。我們會檢討最新的研究和做法，協助你重新建構創業過程的思維方式，發展有利於發展冒險事業的新心智模式。基於此種新認知，我們接著要回顧第六章首次提出的五種常見心智模式，並且探索這些模式如何不利於創業。我們會研討新的思維和行動方式，以利野心勃勃的創業家克服這些綁手綁腳的心智模式。

破除迷思

有抱負的創業家聽過許多有關創業過程的迷思。一旦相信這些迷思，即會形成所謂成功創業家的基本心智模式。為了幫你清楚評估創業過程，我們要檢討以下最常見的迷思。

迷思一：如果我管理工作做得很成功，我會是成功的創業家

這並非事實。根據莎拉絲瓦蒂（Saras Saraswathy）突破性的著作《行動導向：創業要素》，我們明白公司領導人和創業家取決於二種不同的思維和行動方法，或是邏輯。個人貢獻者、經理和公司高階主管都傾向依賴因果或預測邏輯領導，也就是說「既然我們能夠預期未來，我們也可以控制它。」[1] 這種思維和行動方法基於下列原則：

- 基於已知資訊，目標可以預先確定，並且可以達成。

- 因精確的分析和測試得知足夠的知識。
- 引導決策有現成的工具和架構。
- 在特定的限制下可找到理想的解決方案。
- 藉由分析可以讓風險減至最小或降低，獲取理想的回報。
- 外部組織被視為未來的競爭對手和障礙。[2]

業務規劃、項目管理、風險分析和財務預測都是傳統的商業過程，並月基於一種假設：我們可以根據過去經驗預測未來。

最傑出的創業家往往邏輯與眾不同。「這是創意性邏輯，表明：既然我們能夠控制未來，我們不需要預測它。」[3] 莎拉絲瓦蒂採訪了二百四十五位美國創業家，他們至少有十五年的創業經驗，建立了各類型公司——成敗皆有，營收在六百五十萬至二千萬美元之間——至少有一家公司上市。她做出總結，最成功的創業家參與「行動、學習、反覆」的創造性過程。多數受訪者在創業初期都在腦中發想一個廣泛的目標，然後他們根據當於可得的最佳資訊和資源採取行動。此時他們客觀評估行動結果，沒有先入為主的看法或假設。根據他們分析之前行動所學的經驗，他們再次採取行動。這個過程反覆進行：行動、學習、反覆。於是整個創業過程是發現和創造行為的過程。儘管預測邏輯在創業過程有其可用之處，成功的創業家還是寧可創造而非預測。因此，如果你目前是公司的領導者，你可能擁有在組織裡如何因應業務挑戰的心智模式。這通常是根據預測邏輯。要成為成功的創業家，必須培養有關思維、行動、管理和領導的新心智模式。為了協助你重建心智模式，在展開冒險事業之前請先回答以下問題。

- 你如何輕鬆將預測邏輯轉為創造性邏輯？
- 你能適應不確定狀態嗎？
- 沒有先入為主的看法，你採取的行動能夠多有創意？
- 當行動結果無法得知，你有多少能力採取行動？
- 最初的結果不如預期時，你能多客觀評估結果和選擇下一步行動？

迷思二：成功的創業家必須在成立公司前撰寫商業計畫

不，他們不必。事實上，連成立公司的觀念都改變了。由莎拉絲瓦蒂採訪的執行長當中，百分之六十沒寫商業計畫，只有百分之十二以傳統方式做過市場調查。他們不是根據商業計畫的預測邏輯展開冒險事業，許多創業家利用流程地圖和指南，例如奧斯瓦爾德（Alex Osterwalder）和比紐赫（Yves Pigneur）的「商業模式藍圖」（Business Model Canvas），以此發現商業模式的關鍵要素。[5]有此地圖，創業家針對商業模式九項要素其中一個建立假設，然後採取行動測試假設。發現過程的要點是樂意「軸轉（pivot）」知道何時該換檔走不同的方向。創業家和《精實創業》一書的作者萊斯（Eric Ries）說，「經由快轉，我們可以建立初始想法失敗不代表公司失敗的公司。」[6]

一旦創業找到有差異性、可重複和可擴展的商業模式並需要運作資金時，那麼創業家可能會制訂商業計畫。包含市場調查和預估財務報表的綜合商業計畫，主要作為募集資金使用。不管是傳統形式的資本如銀行借款、社區發展金融機構、微型貸款公司，或是來自天使投資人和創投家的股票資本，都需要一份深思熟慮的商業計畫。即便是非傳統的資金贊助來源如群眾集資，也需要某種形式的書面商業計畫。

迷思三：要成為傑出的創業家，我必須想出沒人想過的點子

絕對不是。首先，你絕不可能想出沒人想過的點子。其實你可以合理假設別人想過

你的點子。這個迷思潛藏著創業家的共同恐懼。在巴布森所有的課程，至少會有一個學生問我，「我要怎麼避免讓別人盜用我的點子？」我回答：「創業精神講究執行。很多人有類似的點子但沒有行動，他們不會執行。問題是，你有多熱衷於自己的點子和你會多努力製造創造價值的機會？一旦你製造了機會，發展了原型或可以申請專利的其他智慧財產形式，接著當然要保護它，但很多想法根本無法取得專利。多數想法取決於執行。所以，我們不談這話題。」

最佳商業想法通常是針對解決問題或滿足需求的點子。具有創新精神的企業家總要問某個東西如何可以更好，或是什麼方法可以解決某個特定問題。第二，因為創業過程是發現之旅，成功者捨棄傳統發想或腦力激盪過程，以自己既有的事物開始。莎拉絲瓦蒂訪問過的成功創業家往往以方法為導向，和公司領導人的目標導向相反。實際上，她認為專業創業家好比為廚師長，他的工作挑戰是利用零散的簡陋食材，創作顧客想吃的料理。對比之下，企業領導者則決定他們要做千層麵，所以他們列出清單前去採購。材料買回來以後，他們開始進行切菜、計量、攪拌的明確定義過程，盡可能以最有效率、最節省成本的方式製作。具有創造力的創業過程「一開始不會設定明確的目標。相反地，他們先從一套方法開始，藉由創立者和與其互動的相關人士的各種想像和多樣性的抱負，讓目標伴隨時間自然地出現。」[7]

接下來的問題是：你的方法是什麼？你擁有什麼食材可以拿來做菜？成功的創業家會對自己提出以下問題。

我是誰？我獨特的天賦和才華是什麼？我最熱愛做什麼事？客觀找出自己的核心優勢，如何藉此創造價值是開始的第一步。我很會說話？我是很有創意的設計師？我擅長烹飪？我天生具有分析能力？我想要和人來往嗎？我是誰？

我知道什麼？除了了解自己是誰，評估你所知的專業和個人知識也很重要。很多人因為在特定領域為別人工作很成功而展開冒險事業，他們找出無法符合市場或顧客需求的差距。其他人因為找到他們專業技能領域的問題而展開事業。問自己：我的專精領域在哪裡？我有什麼專業經驗？在個人方面：我的興趣是什麼？基於個人經驗，我對什麼事最了解？什麼事影響我最深？如我們所見，我們都有其獨特的天賦和才能，身為創業家，我們可以由此出發。除此我們還有形塑我們是誰和我們所知的情況和經驗。因此，創業家必須客觀評鑑自己的天分和他們從環境和經驗中得到的收穫，由此他們得到創造的獨特技能、專業領域或獨特的世界觀。

舉例來說，我目前在輔導的創業家自小身邊都是糖尿病患者。她的祖母、父親、叔叔阿姨和很多朋友的父母都在努力控制病情。她親眼看到所愛的人為了找到得以維持健康又美味的食物痛苦不已。如今她利用自身經驗和出自對家人的關懷找到機會和國內的糖尿病搏鬥，推出可以降低血糖的健康點心食品。客觀的創業家必須善用自身擁有的一切和所有已知的事物創造價值。

迷思四：一旦開展事業，我必須事必躬親，凡事一肩扛

這早已是落伍的觀念了。事實上，根據《全球創業觀察麻州二〇一〇年報告》（The Global Entrepreneurship Monitor Massachusetts 2010 Report），團隊才是創業過程的首要步驟。擁有團隊的創業家比起獨立創業家，成功率較高。我們發現，「早期階段（百分之五十八）和已成立公司（百分之八十二）的多數皆由單一創辦人開始。這代表多數創業家獨自開展和經營自己的事業。然而，早期階段的公司比起已成立公司，更可能由一組創立人開展和經營，這是個好象徵，如研究指示，事業由團隊創立和經營比較可能獲得長遠的成功。」[8]

這言之有理，因為沒有特定領域專業人士的支持，要擴展事業幾乎不可能。失去大型零售商的男性配件創業者文生，現在回頭檢討時發現，他最大的錯誤是沒有組成團隊。他無法凡事一肩挑，而零售商最後也無法相信公司有能力符合供應商需求。

截至目前，你評估了自己的方法，判斷自己是誰和自己所知。接下來要思考的是你認識誰。成功的創業家在創業初期和他人分享自己的想法。他們考量所有工作和生活上認識的人。開始這個過程的最好方法是逐一寫下人名，那些在你的行業或工作領域裡，你十分讚賞其本質或專業知識的人。舉例來說，如果你很欣賞某人的工作倫理、耐性和同情心或領域專業技能，把此人的名字記下來。如果你很欣賞某人的創造力和另類思考能力，把此人納入你的名單。如果你認定自己很擅長產品設計，但不是很懂得銷售和行銷，想想你認識誰擁有銷售行銷技能。很多創業家擁有商業點子，卻不見得擅長經營或財務管理。在努力調整產品為顧客創造最大利益的同時，你也需要團隊管理產品的供應鏈、製造和經銷過程。而且你可能還需要有人管帳，確保生意有賺頭。

一旦找出能夠增加自己事業價值的聯絡名單，下一步要讓他們加入你的願景。加入代表他們和你的承諾。這些人通常稱為自選的利害關係人，這代表他們承諾對此冒險事業投入個人的知識和資源。等你建立好自選利害關係人團隊，你的方法也會隨之改變。你不只擁有本身特質、你所知一切和所認識的人，你現在還擁有他們本身特質、他們所知一切和他們認識的人。善用這些自選利害關係人的優勢、知識和資源同時還能減低風險。

迷思五：為了展現對事業的真正熱情，我必須承擔一切風險

我當然這麼想過，那正是我一敗塗地的原因。而我不是唯一接受此訊息的人。十至十五年前以電腦進行的創業訓練模擬基於一個心理模式，如果創業家不願意承擔所有風險——他們的現有薪資、存款，甚至是母親的房子——他們不是真的那麼想成功。（因此，他們從未「贏過」那場模擬。）即便現在貸方和股票投資人都不會期望創業家承擔所有風險，他們還是要求所謂的「共擔風險。」成功的創業家懂得此道，有意識的選擇他們願意承擔的風險程度。莎拉絲瓦蒂稱之為「可負擔損失原則」。

換句話說，成功的創業家將自己的冒險事業看成探險機會：「他們決定自己願意損失多少，並且以創意方式善用有限手段，創造新的目的和方法。」[9] 回答以下問題：我願意損失多少錢來探索這個機會？如果我是自己公司的潛在投資人，客觀評估自己的點子和團隊以後，我願意花多少錢投資？相反地，成功的創業家也必須評估機會成本。自問：如果我離開工作專心創業，我會有何損失——失去薪水、組織地位、名譽等等？最後，成功創業家預先決定他們個人願意承擔多少風險。你願意錯過幾次小聯盟賽事？你願意「延遲」幾個和重要另一半的約會夜晚？你願意改變並可能傷害朋友和家人關

係到何種程度？這些都是很重要的問題。客觀的創業家看見事情真相，提出這些問題──不只在剛開始，也在過程中的各個關鍵里程碑時刻。

迷思六：引入資本是事業失敗的最大原因

小企業的失敗率很難確定。根據《彭博新聞》的報導，十家公司有八家在前十八個月內會倒閉。侯克（Fasal Hoque）在二〇一二年《快速企業》雜誌網站的文章〈多數投資公司失敗的原因〉引述哈佛大學商學院高希（Shikar Ghosh）的研究。「高希的研究指出，多達百分之七十五的的風險投資公司從未歸還現金給投資人，百分之三十至四十擁有流動資金的公司，他們的投資人損失所有金額。他的研究成果根據資料來自二〇〇四年至二〇一〇年之間至少擁有一百萬資金的二千多家風險投資公司。」[10]為什麼這麼高？儘管現金用盡和使用資本是事業失敗名列多數原因之首，但其實原因沒那麼簡單。事實上還有更重要的原因。創業家的決定和潛藏假設才是問題發生的主因。

經驗教訓

以我為例，當時產品從南非抵達的時間超過了八週，我決定下更多訂單，這樣顧客就沒有缺貨問題。結果銷售數量趕不上更多的採購和存貨，達不到付款條件。我到了持續現金短缺的地步，最後經銷合約因為未付款而終止，雖然結果證實那不是唯一原因。但我假定供應商會協助我現金周轉問題，因為我擁有百分之七十五的美國銷售比例。我也推測我們是建立美國市場的合夥人，他們帶我會特別寬厚，何況他們本身也違約，未在合約規定時間供貨。我的假設都錯了，甚至有點天真。

到頭來，成敗關鍵在於創業家的整體效率。創業者失敗的最大原因是缺乏領導力，或是無法客觀看待和處理工作。《紐約時報》撰稿人高爾茲（Jay Goltz）形容得最好：「生意失敗的主因在於主事者無法放棄自以為是的做法。他們也許很固執、抗拒風險、反對衝突——這表示他們需要被所有人喜歡（甚至包括員工和沒為他們工作的供應商）。可能是完美主義者、貪心、自以為是、多疑、易怒或不安的個性。你知道這意思。有時候，你甚至可以跟這些老闆司提這個問題，他們會承認你說得對——但繼續一再犯同樣的錯誤。」[11]

基於我們目前所知的心智模式和自動反應，我們確實能夠了解原因。就算創業家知道自己可能是問題所在，他們也無法改變自己的行為。多數創業家不了解心智模式或慣性想法和行為如何形成。他們還不明白自己能夠培養能力，轉換其有限或破壞性的心智模式。他們最終被自己的想法和假設所害。根本不知道自己可以選擇用不同的反應面對創業過程和公司的局勢變化。

創業家的常見心智模式

我們破除了迷信，協助你重建創業過程所需的心智模式，接下來，我們要重新檢視五種最常見的心智模式，以及凸顯這些模式如何在思考開創——或經營——事業時出現。然後我們會討論新的思考方式，藉此轉換對創業家無用的心智模式。

沒有安全感：我不夠好——我無法接受原本的自己，我有其限制

我們先從多數人沒有安全感開始談起。我們在第六章提過，很多人習慣建立其他的反抗心智模式，藉此補償他們覺得不安的困擾。對許多創業家來說，創業變成他們想要和世界溝通個人價值的媒介。這是第一個認知偏差：賦予冒險事業過多意義和價值。

我就是如此。很多創業家認為，這不是創造他人價值，而是感覺有價值。創業家要切記的第一點是他們不等於自己的事業。回到我們主客體關係邏輯：你察覺或體驗的一切是你察覺的客體，所以那不代表你。因此，創業家是主體，事業是客體。所以創業家不等於事業。

基於我們對於創業過程的最新了解，我們知道創業家投入創造和發現此事業的過程。創業家時時刻刻基於潛藏假設評估狀況、決策和採取行動。問題是每個決定和相應行動都基於創業家的假設，而假設根據創業家相信的一切，包括他們對於自己的看法。如果他們很不安並認為自己實在不夠好，那麼他們的許多決定可能都會受到這個假設影響。

經驗教訓

以我為例，離開了美國運通以後，我的公司變成我建立自信的來源。回想第一章的「現實檢驗」部分處於恐懼時，你能夠客觀做出正確的判斷嗎？這時候我所害怕的是失去生意、名聲，還是自我概念？我後續的許多決定都因為害怕失去事業而形成，而事業又是我自信的根源。因此我不客觀。

接下來的部分，我們會密切討論我們經常為了感到自信建立的心智模式：外在認可、好勝心態、完美主義者和控制心態。

外在認可：我需要別人喜歡我，認為我很聰明

對創業家而言，最具破壞力的心智模式是外在認可需求。如前所述，很多人認為自我價值主要取決於他人的看法。二〇一二年美國全球創業觀察報告提到，「創業家和非創業家在某些觀點上很類似，即創業是理想的生涯規劃，以及創業會獲得身份地位。」[12] 這類外在認可需求可能強烈到讓創業家認為，自己應當嚴格檢視自己的動機。如果只因為需要他人認為你做了最好的生涯選擇，或是會因此達到某種地位而開創事業或停滯於經營不善的狀態，結果都非常危險。

需要外在認可的創業家很少做出適當的商業決策。有些創業家犯的毛病是太快離開住家辦公室，只為了向別人展示自己很成功。有些人誇大了自己的進展、業績、與別人建立的策略聯盟，常常在過程中說服自己誇大的感知是真相。

對許多創業家而言，事業立即變成他們的身份象徵。你注意過創業家有多愛談及自己的事業嗎？這可能代表熱情，也可能是偏執。在最近的客觀與創業工作坊中，一名創業家和我說她太過於投入自己的事業，以致於朋友找她出去參加一般聚會時，她談

的全是自己的事業。有一天他發現朋友都不找她出去了，她覺得心裡很受傷。她問其中一個朋友怎麼回事，得到的回答是「你都在談你的事業，變得很無趣。」但這不只是好不好玩的問題，或是談太多事業的問題，這攸關著你能否保持客觀或做好決策。

經驗教訓 **回想此次的現實檢驗：如果你完全以自己的工作或扮演的角色定義自我，你還可能保持客觀嗎？如果你的事業變成你的身份，而且是你獲得外在認可的基礎，你還可能保持客觀嗎？答案是否定的，不可能。這是我主要的認知偏差將自己事業的價值放大到成自我評價的方式。我認為這是我無法看清事情和失去所有的理由之一。變成果汁夫人的時候，我的身份和自我價值和我的事業產生關聯。我無法分別看待。公司接到第一筆貨櫃果汁訂單時，這對主要經銷商而言是很大的交易量，我對自己充滿自信。有時候事情不如預期時，我會擔心它影響別人對我的評價，並且會設法辯護。**

我常聽創業家說，「我的事業就像我的小孩一樣。」我也這樣認為。這真的是同一件事。全和你的身份有關。大部分的父母都認同自己身為父母的身份，很多人認為他們孩子的行為——表現或沒表現——是自我的反射。很多人會保護自己的孩子；他們會忽略弱點、誇大優點，或是給小孩很大的壓力，逼他們還沒準備好就要達到成功。這聽來很熟悉嗎？把自己的事業當成自己的小孩是否會削弱你看清事情和周全判斷的能力？

熱情儘管確實很重要。愛你的工作和對事情保持熱忱是成功的必要條件。因此，你怎麼可能愛你的工作和對事情有熱情，可是無法認同或執著於它呢？你要如何轉移這種無用的心智模式，做出更好決策呢？

新的思維方式

我們從創業過程的新資訊著手。從轉換學習過程中得知，改變心智模式必須擁有基於新資訊的知識和洞察時刻。你必須決定這個心智模式不再有效，不再適用於你。我們也必須體認成功的創業家利用高度的客觀性處理他們的冒險事業。他們著重於方法，而非目標。他們先評估自己是誰、懂什麼或他們認識誰。他們知道自己是誰、他們珍視自己，並且渴望利用個人的主要天賦和強項尋找可能的機會。

他們看待自己的經營概念為各種想法，也許是、也許不是好的商業機會，但他們決心實現想法至某個預先決定的點。成功的創業家會預先客觀評估他們投資的事業要花多少時間、金錢和個人承諾。他們知道自己在事業的探索階段必須顧及自己和家人，而他們想出要如何同時兼顧的方法。他們拒絕熱情代表承擔一切風險的心智模式。該事業不足以定義自己；他們界定個人事業如何和以何種程度融入他們的人生。他們知道「自己」不等於個人事業！

好勝心態：我不斷藉由和別人比較，決定自己的價值

如第六章所述，我們很多人一直拿自己和別人比較，最後往往讓自己更沒自信。一直以來都是如此。我們凡事都要比較：成績、錄取學校、職位、頭銜、車子、房子。因此，創業家有這種想法也沒什麼好大驚小怪。好勝的創業家經常隨意設定成功標竿。在最近一次的研習會中，一名自信滿滿、好勝心強烈的創業家過來跟我說，他預定要做十億美元的生意，但只有做到百萬美元。我問他為什麼要給自己這麼大壓力。他接著抱怨說，研習會的人都比他會賺錢。根據別人的績效設定個人事業的主觀目標，你可能會因此盲目做出錯誤決定，或是被迫對自己施加不合理的壓力。因此，如果有一種訂立標竿的客觀方式，你何必要這麼做呢？檢視產業獲利、償付能力和流動資金比率有助於分析目前的財務狀況。事實上，我和巴布森研究所的學生建立了經營優勢工

具（Business Advantage Tool），它是一種簡單但全面的 Excel 試算表，有助於企業進行這類的客觀分析。

完美主義者：每件事我都必須做到完美

這種心智模式是許多創業家一直維持不再可行的獨立和嘗試凡事自己來的其中原因。很多創業家無法建立團隊，因為這種心智模式迫使他們為了要求正確而事必躬親。他們無法忍受事情有缺陷。有些人還會因為無法參與各項經營細節而造成身體的不適。看樣子這不是長久之計。創業家最終會被全部的重量壓垮，被迫尋求協助，但有時候為時已晚。

如前所述，創業過程的本質是採取行動、學習和再行動。完美主義者心智模式的另一個問題是失去知覺。這些人往往是過度分析，沒有完美資訊就無法安心繼續進行的人。我們現在知道沒有所謂完美的資訊，成功的要件是根據可得資訊行動，基於行動的結果恣意快轉。

成功的創業家不只學會如何快轉，也學會重視快轉的時機。對他們來說，這代表他們學會與經營模式有關的新事物：顧客、競爭或甚至代表一個比原來預期更好的機會的策略夥伴。萬歲！然而，完美主義創業家認為快轉代表分析錯誤，把重點擺在讓事情回到正軌。

新的思維方式

基於世界多半無可預測、無法控制和不可知，如果結果必然失敗，有誰能夠成為完美主義者？雖然有些企業領導利用控制、可預測性和可知性的幻覺採取行動並覺得比較確定，但創業家必須理解、接受和擅長應付一個現實——創業無法確定，完美不是目標。

控制心態：我必須能控制自己的環境。我的自我概念取決於我能夠控制他人和結果的能力。

如第六章所示，完美主義者和控制心智模式經常緊密相連。很多創業家假設，如果他們凡事盡善盡美，就能夠掌握結果。這種想法完全錯誤。我很確定大家都能想像自己在能力範圍內付出一切，而且做得相當完美，但結果卻不如預期的各種情況。

新思維方式

在第六章我們討論過，客觀的四大基本原則之一是「我們無法分秒掌握行動結果。」儘管我們得知他人的行動和動機可能會影響我們的結果，這些可當成已知變數，但我們通常不知道影響到何種程度。除此之外，還包括所有的未知數，那些我們完全無法臆測的事情，都可能改變我們行動的結果。創業者必須放棄控制外部因素，學會如何客觀應對無法預期的事。既然我們知道創業過程比較像是客觀的探索過程，創業家可以開始轉換心智模式過程，由控制改為預期和接受出乎意料的事情。遇到超乎控制的因素影響其結果時，與其大感失望，創業家必須思考他們能夠從中得到什麼教訓並決定下一個最好的行動。轉危為安！

成功的創業家唯一想控制的是變得很有自覺地控制能夠控制的事：他們本身，以及他們對無法控制事物的反應。他們在採取行動之前，注重質疑和評估自己的潛藏假設。他們變得敏銳，能夠察覺到自己的觸發點，如此面對無法預料的情況時，他們能夠減少過度反應的可能，同時經歷轉換無用和綁手綁腳的心智模式的過程。

創業家的轉型

顯而易見，創業過程的核心在於創業家。創業家對自己、其創業過程和身處環境的感覺都影響著每一個思考和行動。最近我輔導一位既漂亮又能幹的女性，她已婚，三十幾歲，為了更有彈性和更專注開創自己的事業，她剛辭去了全職的顧問工作。她心情很沮喪，因為完全知道自己在作繭自縛，但她想要停下來。她選了我的課，學到基本要點但不記得如何開始轉換無用的心智模式過程。她用自己的話形容她如何努力轉換心智模式：

我是個個性獨立的人，一向樂於挑戰權威和開闢自己的道路。我追求困難的挑戰，喜歡一一征服它們。典型的優等生，力求完美。在學業方面，我大學畢業時成績優秀，申請上耶魯大學研究所。二十歲開始，我做過各種不同的工作，包括教書、數據分析和銷售工作。我不斷夢想著當創業家。在我的整個事業生涯中，我一直懷抱著這個夢想。我再三考慮，每次想到建立事業和獲得升遷的事都很鼻酸。我好像每次都跟到不好的上司，他們都無法鼓勵我成功。相反地，我覺得他們認為我有威脅感，拚命想要壓制我。我完成了巴布森學院MBA課程以後，被一家醫藥公司裁員了，於是我想時候到了。我有想法、有適合背景、適合技術和可利用的適當同事網絡。

等我真正開始創業時，我才逐漸明白自己在自尋煩惱。我找到應該能夠建立自信的成功。我以潛在客戶驗證了這個觀念，並且非常了解市場需求。我加入了「微軟新創火花計畫」（Microsoft BizSpark program），那是科技業新興公司的人才培養中心。我和策略夥伴建立了進入市場所需的重要關係。但我發現我的自我懷疑正在入侵我的思考，將我拋出競賽行列。通常我能夠凝聚足夠的實力迎戰重要的會議或說明會，但不斷的自我懷疑滲透進我的思想，等著隨時立即打垮我。

我腦中時常浮現一個想法，別人只要看過我本人，就不會把我當一回事。我只能透過電話表現。我的某些外表和表情讓人缺乏信心，我心想。如果在街上偶遇（創業家經常如此），我發現自己會說，看吧，你沒有所需專長。開什麼玩笑？你絕對沒辦法成功。我的理性告訴我這是很愚蠢的想法，但這些想法就是揮之不去。我知道必須改變才能成功。要不然，終其一生我就得幫別人做事了。

於是我開始認真思考客觀這件事，我記得這概念從巴布森的課程學來。不知為何，我知道答案就在那裡。以外人的眼光來看，我擁有理性的人所需的成功要素。我邀桑頓共進午餐，尋求她的協助。這是我轉變的開始。

不再適合自己（而且反而對我不利）的心智模式的想法，對我打擊很深。我下定決心克服它——至今我還在努力中。我想要彈指間改變消極的自我對話。但我知道事情沒那麼簡單。我必須努力思考（一）我擁有什麼心智模式和其想法來源；（二）我想要什麼心智模式幫助我前進；以及（三）我要如何轉變和開啟前進未來之門？我目前在第二和第三步驟之間。回顧我的人生，我開始逐漸明白，我建立了幾種心智模式並受其操控，包括：

- 沒有天分。我沒有天賦；我的成功都是靠著努力工作而來。
- 預期困難。生活真的很困難，你必須凡事奮力一搏。大家都不想要你成功。
- 權威代表不好。權威人士向來無能和意圖不良。

經過回想，我找到這些模式的源頭。我有個困苦的童年。成長的家庭總是告訴我，我沒有任何真正的天分或能力，但只要我努力就能夠克服這些不足。生活總是很困難，為了前進你必須比任何人更有準備和努力。父親經常帶給我心靈傷害，所以我很早就學會不相信權威。這對我成年生活起了什麼作用呢？我在破壞和權威人士的關係，例如老闆上司。這加強了我的理論：權威本質上很糟，生活總是很困難。因為我的「沒有天分」心智模式，我不斷忽略和嚴重輕忽自己擁有的才能，相信自己的成功是因為準備充足。這讓我少有或沒有自信，總是覺得準備得不夠。要成為創業家，你必須有自信。如果你不相信自己，也沒有人會相信你。這就是妨礙我成功的主要因素。如果創業者自己在腦中編制瘋狂的想法，如何建立讓人信任的組織？現在必須停止這一切。破繭而出的時機到了。

我開始連接這些模式和我的行為之間的關係，我有種解脫的感覺。雖然自我懷疑感還是存在。我知道必須「卸除」舊有心智模式和創造新的模式。我要怎麼做呢？首先，我需要寫下我真正認為的自己，以客觀的方式；換言之，什麼是我的新心智模式？

- 我是有創意、誠實的人，擁有很多成功所需的天分。
- 如果你完成某事，它不見得是很困難或艱難的事。樂觀一點。他們就會重視你。
- 權威有其必要，不見得不好（或好）。

我決定為了相信這些模式，我必須實踐它們。為了實踐它們，我必須相信它們。從哪一個開始呢？我決定開始用便條提醒自己這些事實……在各個角落。我的浴室、廚房、桌上和車子裡隨處貼著「我很獨特，」「我有才智，」「我有同理心」和其他肯定的話語。任何我獨處的地方都貼上這些紙條，提醒自己我真正的信念。這是因應困擾我許久的負面自我對話的行動。

我寫日記（我一般沒有這習慣），它變成我強化新思維方式的重要出口。有時候我知道我掉回了舊有模式，這時我會做記錄和分析。這情況我常發生，因為當時我做銷售工作，幾乎每天都得面對被拒絕的經驗，那是針對個人發展的成熟環境！在每個月的業務進度會議上，我的上司跟我說，我必須更有策略性地表達自己，因為我沒有清楚表達自己帶給組織的價值。舊有的我會因此狠批自己。我會立即判定，因為我擁有（或沒有）一些天生特質，所以沒人重視我。

我那天覺得蠻難過的。當我將故事寫下來以後，事情變得很清楚，原來我依循著舊有心智模式做推論。上司如此說的原因可能有好幾千種——對組織而言，我是業務新手，只是需要時間學習工作。或許他想說服我多表現，因為他相信我。我把這些事寫下來。很清楚事情沒有明確的解釋。最終必須由我決定如何看待它。我擁有控制權；它無法控制我。隨著時間過去，我變得比較容易在造成任何傷害前阻止和舊我的爭論。

舉個例子，有天下午我去銀行為自己的新事業開戶。我被請去和一位貴賓會面，他看起來就像會根據我的外表批判我的那種人。在我的字典裡，那代表他會因為我的長相認定我是白癡。我站在那裡等他說完電話，心裡想著這件事。我可以選擇認為他會根據我的長相預先批判我，或是我可以相信他不會這樣。我想到自己的貼條上寫著「我很獨特。」我的不同之處使我成為更有趣的人。他會喜歡我並相信我從事的工作。我採取了不同的心態，從我想要的部分而不是我沒有的部分看待自己。

我一坐下，直接看著他的眼睛，親切地微笑。這次見面很愉快，我離開時不只得到支票帳戶。他還幫我引見分行經理，並且表示他們願意幫助我發展事業。幾天後他打電話來，誠懇地表示願意在時機成熟時支援我創業的資金問題。這就是對自己的外表感到自信的東西，我心想，這感覺真好。

慢慢而明確地，這個任務開始改變了我的思想、我的行為和我的人生。我瘦了十磅。我發現過去我總是因為害怕沒準備充足，藉由吃東西來獲取安慰。

事情開始改變，我不再用吃東西來消除焦慮。我覺得心裡有了平靜感，因為我開始接受自我，不是我以為的我，而是現實中的我。雖然我還在旅途中，但覺得自己最終找到正確的路徑。不知何故，我相信實現創業夢想有助於我成為命中注定的人：自信、富有同理心、樂觀和有安全感。

讀到這裡你也許會想，我是怎麼開始的？我告訴你，第一步是「希望有點不同的東西」，真的很想有點不同。為什麼？因為改變舊有操作方式需要具備動機、驅策力和精力。我把它比喻為多做運動。你看到的成果會驅策你每天去做，一旦開始就變得更容易。但你必須更想要不同於舊有生活方式的好處。否則你無法持續下去。不過和運動不同的是，我發現我所做的功夫將來會得到加倍回報。我的意思是，如果我停了六個月不運動，我也許會失去所有的好處。但在這種轉換過程中，我看不到這類的損失。這點更像是騎腳踏車——一旦學會了就不會忘記怎麼騎。沒錯，有時候你會從腳踏車上掉下來，但只要你坐回去，就會到達預定的目的地。而且這絕對會推翻以前的老路。這會變成不費吹灰之力的動作，別人會注意到差異。

你必須努力思考自己的心智模式，然後你必須和你認為很了解你的人證實你所相信的事物。讓我們面對吧：我們也許認為很了解自己，但我們也許太過關注或不夠注重某些領域。下一步要藉由練習新的操作方式，讓它變成真的可以使用。你必須想想在對抗不合己用的心智模式時，你需要什麼讓心中警鈴大作。一旦你聽到聲音，就可以出手干預。事前計畫干預措施，在你認為錯失良機時密切分析狀況。如此下次會做得更好。

我希望以上這個人說的故事能引發你的共鳴。

坦白說，我很為她高興，因為在這麼短的時間內，她能夠成功轉換自己的心智模式，不再成為自己思想的受害者、不再受限於自己的想法。她是高度專注力的典範，單一的專注是轉換無益和破壞性心智模式的要件。在下一章，我會提供特別的工具，如果或當你決定要獨自出走、開展自己的事業時，你可以利用客觀的方法建立一種持續發展的商業模式。

10

客觀創業商業模式圖

當今市場上許多的商品有各種不同的目標顧客，……客觀創業者必須退一步思考，並且阻止自己急忙幫事情貼標籤、在框架中思考和建立心智模式阻礙新思考方式的天性瞭解了創業過程和企業家真正的思維和行動模式以後，如果你很認真地思考，下一步就是讓這些工具成為你的力量，幫助你大展身手。當今市場上有許多高效率的工具、方法和架構有助於創業家開創發展永續經營的事業。如果你已經是企業家，也許已經看過奧斯瓦爾德和比紐赫的商業模式圖、萊斯的精實創業方法，抑或布蘭克（Steve Blank）的精實創業平台。這些方法固然各有其獨特價值，但都擁有同一種新思維，即創業過程是一段客觀探索的旅程。以下是各個方法的概述。

具體而言，萊斯在其著作《精實創業：用小實驗做出大事業》中說明，「精實創業方法的主要作用為引導創業。與其基於各種假設制定複雜的計畫，倒不如使用所謂開發——評估——學習回饋循環的指標工具不斷進行調整。透過此引導過程，你可以學習何時和是否到了所謂 pivot（創業方向軸轉）的快轉時刻，或者我們是否應該留在原來的路上。」

「功能至簡產品」（minimum viable product，簡稱 MVP）是萊斯方法的核心要件。ＭＶＰ指的是具有必要功能的產品，能夠賺錢和及早取得使用者的回饋。他建議道，首要步驟是找到需要解決的問題，其後發展ＭＶＰ，儘快開始學習的過程。製作ＭＶＰ之後，新創公司就可以努力創造機會。等到評估和學習過程正確完成，就很清楚公司是否找到了可持續發展的業務了。「如果沒有，這代表是快轉的時刻或是進行結構性經營調整，以便重新測試產品、策略和成長動力的基本假設。一旦你的引擎啟動，精實創業即會提供最快速擴展事業的方法。」[1]

奧斯瓦爾德和比紐赫的商業模式圖是我們在巴布森學院使用的工具，旨在協助指導學生的創業過程。奧斯瓦爾德形容：「創業家可以利用此圖描述、策劃、質疑、創造和快轉任何商業模式的九個要素。本質上，商業模式是描述組織如何創造、傳遞和取得價值的基本原理。」[2]

最後，精實創業平台藉助奧斯瓦爾德和比紐赫的作品，提出創業公司不是大公司的縮小版，大公司的已知商業模式大多利用預測手段解決問題和決策。布蘭克和他的精實創業平台團隊認為，創業公司是尋找未知商業模式的暫時性組織。這個暫時性組織作用在於透過一種過程，測試假設、收集早期和普遍的顧客回饋，以及向潛在客戶展示功能非常簡單的產品等步驟，尋找可重複和可擴展的商業模式。精實創業平台讓創業者學到，開創事業是一種探索過程（發現顧客和驗證）和執行過程（創造顧客和建立公司）。[3]

客觀創業商業模式圖補充了奧斯瓦爾德和比紐赫、萊斯、布蘭克和巴布森學院同事的研究成果，其基本前提是創造新事業和創業家息息相關，最終的成敗取決於創業者的客觀能力。無用的心智模式往往讓創業者無法測試假設、客觀回應顧客意見和發現快轉時刻。下面兩頁的「客觀創業商業模式」圖著重於發現商業模式的關鍵要素，以及提供技術和新思維方式，確保創業過程中擁有更客觀的心態。

客觀創業家的商業模式圖涵蓋四種商業模式發展的主要領域：價值訴求和目標顧客、通路和顧客經驗、基礎設施和資源，以及財務能力和資金取得。

這張圖的重點在於：

1. 創業是客觀探索的過程。
2. 成為創業家，意味著明白你是主體。你不代表自己的事業。
3. 客觀創業者的架構：
    a. 首先確認假設、偏好和期望。
    b. 不帶偏見地制訂測試假設。
    c. 利用顧客的直接參與規劃測試假設的客觀過程。
    d. 從行動結果學習，不推測長遠影響。
    e. 採取下一個行動，沒有特定預想的期望。

<table>
<tr><th colspan="2">客觀創業商業模式圖</th></tr>
<tr><th>要素二</th><th>要素一</th></tr>
<tr><td>通路和顧客經驗</td><td>獨特價值訴求（UVP）和顧客</td></tr>
<tr><th></th><th>問題確認</th></tr>
<tr><td rowspan="3">針對每位顧客／UVP，詢問：
· 我的顧客希望如何參與和購買產品？
· 透過何種通路？網路、批發、零售……
· 應該是自有或是合夥通路？
· 誰是潛在合夥通路？
· 他們如何協助吸引顧客？</td><td>· 問題是什麼？
· 煩惱是什麼？
· 什麼不符需求？
· 誰有這種問題？</td></tr>
<tr><th>核心價值訴求（CVP）</th></tr>
<tr><td>核心利益是什麼？</td></tr>
<tr><th></th><th>顧客</th></tr>
<tr><td rowspan="3">針對每位顧客／ UVP，詢問：
我的顧客希望怎麼得知
產品／服務？
我的顧客在購買、運送和售後
過程中，想要如何和我互動？</td><td>列出所有得利於此CVP的
潛在客戶？
列出所有潛在客戶的UVP ？</td></tr>
<tr><th>功能非常簡單的產品（MVP）</th></tr>
<tr><td>隨時替每種目標顧客創造產品或表現，驗證顧客和UVP相關假設</td></tr>
<tr><th></th><th>操作原則</th></tr>
<tr><td>創業是客觀探索的過程</td><td>成為客觀創業家代表你知道自己是主體。你不代表自己的事業。</td></tr>
</table>

<table>
<tr><th>要素四</th><th>要素三</th></tr>
<tr><td>財務能力—財務需求</td><td>基礎設施和資源</td></tr>
<tr><td rowspan="4">· 定價—我的通路和顧客支付意願
· 獲利性—我要怎樣透過通路贏得獲利？
· 製造產品的成本要多少？
· 我的毛利率多少？
· 創業成本：我建立營運的成本要多少？
· 營業費用和營運資本—我需
· 要多少固定營運成本如辦公室、人力等？
· 我的品牌開發成本多少？
· 我的淨利率多少？
· 我的資金消耗率多少？
· 我需要募集多少錢？</td><td>基礎設施活動</td></tr>
<tr><td>· 何種主要活動直接創造產品或服務，例如來源產品輸入、製造和運輸？
· 有關產品和服務銷售和支援的次要活動是什麼？例如通路開發、品牌管理和顧客關係管理？
· 何種關鍵商業操作活動？例如法律、財務管理、辦公室管理？</td></tr>
<tr><td>功能非常簡單的產品（MVP）</td></tr>
<tr><td>什麼是人力資源需要建立和維持的基礎設施？</td></tr>
<tr><th colspan="2">操作原則</th></tr>
<tr><td colspan="2">· 首先確認假設、偏好和期望！
· 不帶偏見地制訂測試假設
· 規劃測試假設的客觀過程
· 從行動結果學習，不預設長遠影響
· 採取下一個行動，沒有特定的預先期望</td></tr>
</table>

價值訴求和目標顧客

多數創業者因為想要解決問題而展開創業過程。藉由他們自身的經驗或他人的經驗找到真正難以滿足的需求，不再需要忍受的不方便，或是真正需要解決的問題。這是價值訴求：你的產品或服務能夠達到解決問題或滿足顧客需求的價值或利益。在認知或確認問題的當下，創業者同時能夠想像顧客族群。創業家很難區分這二項差異。

顧客是組織或個人的特定族群，你想要滿足他們的需求，希望緩解他們的痛點，試圖解決他們的問題。當然，剛開始創業家先想到問題和顧客的時候，不是囊括所有的潛在顧客或目標顧客。創業者接著必須超越顧客是誰的初期假設，驗證真正的問題出現在特定顧客族群的假設，然後探索所有其他可能的目標顧客。

但問題來了，很多時候創業者沒有確實和潛在顧客對話，即自行假設他們需要的東西或願意支付的金額。他們最後為一個不存在的問題建立了完美的問題解決方案。我還看見另一個問題，創業者針對特定目標顧客確認和驗證解決方案時，忽略了所有其他可能的目標顧客。舉例來說，和我共事的一名發明家有次和家人去露營，他觀察到母親幫孩子噴防蚊液時覺得很困擾。因為風太強，結果防蚊液噴得到處都是，就是沒噴到孩子身上。他回家以後發明了防蚊液擦拭手套，這種獨特手套可以讓媽媽直接將防蚊液噴在手套上，然後均勻抹在孩子的皮膚上。他找到問題時，假設目標市場是帶著孩子從事戶外活動的母親。儘管這明顯是一種目標客戶，但還有更多種類的客戶。最後許多不同種類的族群都很喜歡這個產品。有些人喜歡把它當作家具擦拭手套使用，所以他必須探索家用配件市場。有些人喜歡用來幫車子打蠟，這代表這款手套也可能成為汽車售後配件。接著他發現馬主人有更大的痛點，因為他們幫馬匹噴灑防蟲液和其他清潔用品時一直有安全上的疑慮。因此，它也可以是馬匹清潔配件。

我們由此學到什麼？當今市場上許多的商品有各種不同的目標顧客，傳遞不同的價值訴求。客觀創業者必須退一步思考，並且阻止自己急忙幫事情貼標籤、在框架中思考和建立心智模式阻礙新思考方式的天性。

創業者確認特定問題和思考解決方案時（例如安全塗抹防蚊液的困難），必須停下來自問，核心價值訴求或CVP是什麼？CVP是指「產品提供的基本好處」。以此為例，指的是安全和衛生地塗抹任何液體於任何表面、人類或其他事物的功能。一旦創業者確認了CVP，他們接著可以廣泛性思考各種可能因為產品得到好處的目標顧客。如果他這樣做，這位敏銳的創業者也許就不會在一開始將功用不只如此的第一件產品定位為防蚊液擦拭手套了。

一旦清楚界定CVP，接下來的步驟是發展MVP。布蘭克如此形容：「MVP是『低擬真度』產品，就像說明訴求價值、利益摘要的登入版面一樣簡單，是進一步學習、回答簡短問卷或預購的行動號召。甚至可能是一種快速原型網站，建立於簡報軟體或是加上登入版面的簡單建立工具。你的目標是基本元素——不是花俏的U/I（使用介面）、標語或動畫。」[4]

下一步是測試MVP，吸引越多顧客參與越好。如果你把網站當作MVP，你肯定可以利用廣告轉換率來評估反應。但是要確定的是在你的特定情況下代表正面反應的廣告轉換率——是百分之二十？百分之五十？為了更客觀進行這個過程，專家建議你和顧客和目標顧客本人進行越多次的個人訪談越好。利用同樣的MVP，和顧客坐下來談，看他們的第一反應，提出一連串開放性問題，幫助你更瞭解顧客和其需求。我建議你每次設法驗證的假設，至少要訪談二十個人，這表示你最後能進行一百多次訪談。你的目標是學習，不帶有先入為主的看法或期望。

創業者要找到商業模式的價值訴求和目標顧客元素，他們必須設計客觀的假設測試過程。請參考以下建議。

首先，**為你的前二十名潛在客戶建立訪談名單**，由CVP的最有潛力顧客和／或目標顧客著手，問自己是否對於某一特定族群有所偏好或偏見。你可能假設某一族群比較容易接近、比較可能給予評論和顧客回饋，或者最有可能重複購買。在開始訪談過程前了解自己的假設和偏好，你會變得更客觀。你也必須知道我們本能地想要驗證自己的假設、假定和想法。我們多數人真的喜歡自己是對的，我們會費盡心力迴避認錯。我們如今瞭解自己的期望如何影響我們詮釋所見事物，所以我們很可能只聽自己想聽的。比方說，你還是可能將訪談時聽到和錄到的回答「沒錯，我想我會願意付五十元買這產品」，當作肯定的回應「是，我會付五十元買這個，我會推薦其他人買。」如果你發現自己太過在乎訪談結果，無法將訪談視為一種探索過程，那麼你也許該找個沒那麼投入其中的人進行訪談比較好。

其次，**建立你最不可能的顧客和目標顧客名單**，你假定他們不會買、無法使用、不喜歡等等。使用當下客觀技巧，進行和你腦中所想相反的事情。如果你考慮鎖定富人為目標，以防萬一，訪問十位戰後嬰兒潮的人。

第三，**提出的問題盡量讓回答者說不**。如此一來，如果他們給你肯定的答案，表示這是比較主動的回答。此外，把握機會提出開放性問題，如此可以更深入了解顧客的問題或痛點。

商業模式的價值訴求和目標顧客元素的結果，可能比你原本想的透露出更多的目標顧客，就像防蚊液擦拭手套的例子。接下來是評估各個族群存在多少顧客。確認和證實UVP、CVP和目標顧客的這個階段，非常適合市場調查。

客觀的創業者會進行產業和市場分析，開始以數字呈現機會。對許多人來說，瞭解市場需求、該產業和其競爭格局非常困難，但是成功的創業者非常瞭解他們的業務。他們經常認為他們沒有競爭對手，市場上沒有類似他們的產品或服務。絕對不是如此。為了保持客觀，創業者必須瞭解一定存在某些競爭形式。敵人可能來自直接競爭者或一種慣性，意指使用固定方式做事、抗拒改變的人。創業者必須進行深入的產業分析，以便瞭解產業運作方式，以此決定如何有效競爭市場大餅。以下是創業者必須能夠回答的部分問題，但不代表全部。

- 整體市場有多大，取得市場佔有率的潛力為何？
- 我發現的市場區隔有多大？
- 現實中我能接觸到多少潛在顧客？
- 是新興產業還是衰退產業？
- 該產業相較去年同期的增長率為何？

- 影響該產業的趨勢為何？它們預示著什麼？
- 該產業只有幾家企業掌握市場大餅，還是由很多公司分食小部分市場？
- 替代產品是什麼？
- 該產業現有企業之間的競爭本質是什麼？競爭激烈嗎？
- 該產業獲利性有顯著差異嗎？
- 競爭者競爭的根據是什麼？是基於價格、顧客服務、便利性或其他因素？
- 該產業傑出企業的競爭策略是什麼？
- 進入該產業的主要障礙是什麼？

相對來說，分析整體產業的經濟和策略特徵比較容易保持客觀。事實會更清楚展現並客觀詮釋創業者可能陷入那些麻煩。舉例來說，如果產業相較去年同期成長了百分之十，創業者不能假定它會以同樣比率持續成長。此外，如果百分之十的成長是業界平均值，那麼創業者必須確認是否有超出或低於該產業平均值的公司，以及差異點在哪裡。創業者必須持續深入了解刺激成長率的趨勢是什麼。創業者必須客觀評估趨勢是否會持續或可能會造成趨勢改變的因素。就算做了評估，創業者還要知道他們的知識有限，可能評估錯誤。解釋數據和預測趨勢時盡力減少不確定性是創業者最需要客觀的活動。一般來說，面對這類評估之際，創業者會採取其中二種方式。有些創業者因為背景和生活經驗的關係，個性比較悲觀，看杯子為半空狀態。悲觀者往往把事情想得極端嚴重並依此做計畫。相反地，總是認為杯子半滿的樂觀者則基於最佳狀態的情境做計畫。哪種創業者最可能是對的？哪一種人比較客觀？

客觀的意義是看著杯子，不評論它是滿或空的狀態。無論樂觀或悲觀看法，客觀意味著看待市場情況不論其好壞，純粹依據它們的現實狀況。不貼標籤地觀察市場情況和其潛在影響，創業者可以更有效取得市場位置。客觀的創業者知道沒有完美的資料，它們分析潛在的變數並為每種變數進行風險評估，然後採取最好的下一步行動。

通路和顧客經驗

下一步是發現最有效率的方式和目標顧客接觸、溝通和建立關係。尤其創業者必須決定如何引起顧客注意和讓他們接觸產品和服務。創業者必須找到對顧客最方便和最有效率的購買流程，以及運送產品給顧客的最好方式。最後，創業者必須從潛在顧客中學到如何提供持續服務和與其維持關係的辦法。

一開始的考慮是能否建立或使用自己的現有通路，或者使用合作通路。自有通路透過有形資產單位、自有銷售人力或網站直接面對顧客。間接通路包括批發經銷、零售，或是透過合夥人的銷售組織和網站。自有通路雖然比合夥通路利潤高，但建置時間更長、費用更高。

為了客觀建立這些基本要素，創業者必須先以顧客為優先考量。可惜的是有些企業家單憑個人偏好或自尊心驅使就妄下決定。有些創業家認為向別人顯示他們建立了自己的銷售通路——自己的店面、銷售人力或網路曝光率——是成功的象徵。當然這部分確實可以增加自信心。然而，請密切注意，外在認可相關之心智模式以及事業成功等同自我價值的認知扭曲——無論以多隱微的方式——經常影響這些決定。在轉換這些決定的過程中，充實有關影響消費者購買行為趨勢的新資訊。請切記，新的知識和資訊可以挑戰潛藏假設和心智模式。你跟上消費者購買行為的最新趨勢了沒？畢竟這對你產品表現的影響，還比網站是否有你的大名更重要。

這是「高度意識消費者」的時代。根據《企業家雜誌》（Entrepreneur Magazine）紐曼（Dan Newman）的說法，「買家在還未接觸公司前，早已參與了百分之七十和九十的程度。」他們把你的產品和市場上其他產品做過比較；他們打探過其他人購買此產品的消費經驗；他們還知道自己確實要什麼和他們應該要付多少錢。你想想看，你最近買過任何沒做過任何研究的重要東西嗎？這對招攬顧客策略有何意義呢？

接著是網路銷售的激增。創業者不能假定哪一類產品在網路上最好賣，哪一類產品最適合在實體店面賣。兩者都有可能。基於產品策略，有些網路消費者很滿意在網路商店開始和結束的購買經驗。他們真的完全不想接觸人。不過有些人比較喜歡自己上網做調查，然後去商店購買。雖然網路銷售似乎一直銷售的是小額物品，還是有些房子、車子和高尖端科技產品也在網路販售。你的假設是什麼？有些創業家堅持，即便在一鍵下單的購物領域裡，找到讓人覺得獨特和有價值的辦法才是建立和維繫顧客關係的關鍵。

最近我在主持紐約流行產業的企業家研討會，會中我們談到利用經銷通路和社群媒體策略吸引客戶和銷售。「沙蔓莎」是一位很有才華的珠寶企業家，她表示她沒有投資建置自己的電子商務網站和展場，她反而決定和傑出行銷夥伴合作，由他們負責提供網站、展場，以及在暢銷雜誌上進行公開曝光活動。這是她負擔得起的整體性服務。她很客觀，不在意擁有自己的網站。接著隔年，她透過社群媒體專心建立自己的品牌。短短一年內擁有一萬六千個臉書朋友和一萬二千名 Instagram 跟隨者。她說只要她在 Instagram 上傳新商品的照片，然後連結至臉書以後，她會立即看到合夥人網站上升的銷售數字。因為她能夠建立強大、明確的品牌意識，以及和目標顧客的購買關係，她的品牌引起大型零售業者的注意。實際上，二〇一四年秋天她在家庭購物網取得一個位置。這全歸功於了解自己的目標客戶——他們想要如何和你互動和他們想要怎麼購買。

可惜的是，很多創業者低估了銷售通路和顧客關係的根本重要性。很多人還存有一種心智模式，「只要我建立起來，顧客就會來。」為了保持客觀，你必須和更多的潛在客戶對話。但在此之前，你要先找到自己可能有的潛藏心智模式或偏好。以下是一些參考技巧：

1. 先從偏好開始，你想要做的東西。
   a. 我多喜歡聯繫顧客？
   b. 我多喜歡面對顧客銷售？
2. 然後思考你自己認為顧客多想被聯繫和多想購買的假設。
   a. 這是很重要的步驟。如果你注意到基於個人偏好做出假設的傾向，那麼你可以更客觀地和顧客談話。請記得，有意識地察覺你的心智模式是達到客觀的第一步。
3. 不要依賴一開始的假設和偏好，而是幫每種目標顧客建立所有可能的通路清單。

你無法假定所有目標顧客都想要以同樣方式和你接觸。

a. 調查你的目標客戶在哪裡和如何購買類似的產品或服務。回顧我們防蚊液擦拭手套的例子。如果其中的目標市場是採買家庭用品的女人，你要問女人如何找到市場上的新產品。其他人在哪裡和如何採買家庭用品？他們去超市、藥局、沃爾瑪、標靶百貨（Target）賣場？還是他們在網路購買，或二者皆是？如果你的目標顧客是馬主人和教練，他們如何獲悉馬匹用品的新資訊？他們在哪裡和如何為自己的馬採買清潔用品？無疑地，同樣的產品根據不同的目標顧客，各有其不同的取得或購買管道。這些消費者和他們購買類似產品的供應商有哪一種關係呢？他們比較喜歡和你有哪一種關係呢？他們使用社群媒體嗎？他們在購買前會使用比較網站嗎？你大致了解這意思。

4. 一旦你找到所有的個人假設，接著要一一進行測試。在此階段，我建議針對每種類型的目標顧客進行至少十名顧客的訪談。

一旦找到最佳經銷通路和每種目標顧客的顧客關係，你可以開始發展行銷和品牌宣傳策略，包括內容行銷如部落格、影片和社群媒體宣傳，以此建立顧客推薦關係。你也能夠預測顧客取得和維持成本，開始確認最有價值的顧客和通路。

基礎設施和資源

流程走到這個時候，多數創業者都感到很滿意。他們幫定義明確的顧客找到符合需求的辦法，他們知道鼓勵、吸引和支持這些顧客的最佳方式。這是一大成就。很多企業家發現他們過程中不斷進行的許多假設都無法通過客觀提問的測試，他們必須換個方向進行。他們接受快轉也成功快轉，不是找到調整後的辦法，就是找到不同的顧客，或者是更強大、更讓人信服的價值訴求。既然達到了這個重要的里程碑，下一步是決定傳遞價值給目標客戶的所需資源和基礎設施。

目前重點是確認和取得所需資源和建立初期運作方式。企業家的目標是建立基礎設施，以便公司傳遞價值給已確定和驗明的目標顧客。創業者應該專注定義其價值鏈，也就是讓消費者願意掏錢購買公司產品或服務的必要特定活動。第一步是確認主要活動，直接製造產品或服務的活動。這些是實體資源如製造部門、設備、建築和需要創造價值的媒介。創業者必須評估這些資源是否應該立即取得或購買，或採取外包形式。大部分的創業家讓外部承包生產工作，但犯了一個錯誤，他們只建立單一取得資源。

比如說，一名新興企業家經營男性含天然獨特成分的護膚產品，其中一項熱門商品的主要原料竟然只有一個取得來源。如果這單一資源耗盡了主要材料，他別無選擇，只能拖欠新顧客的訂單，直到他加強了其他來源的供應鏈。建立實體建設過程的經驗法則是外包加上內部研發，發明與採購，並設法協商有利的付款條件，提前將現金支出減至最低。

創業者一旦決定如何製造產品，下一步要思考基礎建設或系統的必要條件，以期推動產品銷售和支援。這包括在商業模式的通路和顧客經驗要素中確認過的重要活動，例如建立通路；零售、批發、自有或合作網站，和品牌管理；內容研發、內容管理、社群媒體平台；諸如此類等等。

下一個基礎建設資源決策涉及人力資源，負責傳遞價值給顧客的所需團隊。也是商業模式的關鍵部分。前面我們討論過，這是有些創業者難以維持客觀的領域。如我們所見，他們大部分具有迫使自己事必躬親的心智模式，通常他們以為自己擁有根本不存在的技能。

為了更客觀看待商業模式的基礎建設和資源要素，有效做法是利用一種簡單的基礎建設和資源需求表格：在步驟一的欄位，創業者會找到關鍵的必要活動。步驟二的欄位要決定該活動是否應該在內部進行，還是要委託策略合夥人。在步驟三和四的欄位，創業者必須決定是否具有進行或管理該活動的所需能力，以及是否需要補足其差距。步驟五則要決定是否聘用員工或找承包商補足此差距。舉例來說，接下來四頁的範例代表一家新興服裝設計師總裁的初步想法。

財務能力和資金取得

創業者既然清楚了解需要什麼資源發展組織的基礎建設，接下來要關注的是個人事業的經濟面，以便確認發展事業的財務能力。這是維持客觀很重要但很困難的另一個領域。我看過無數企業家創業的時候不確定事業能否獲利。很多人持有一種心智模式：如果他們賣得夠多，最終公司就會賺錢吧！這不只是盲目的樂觀。坦白說，很多人如果沒讀過商學院，可能連正確的分析方法都不知道。

我和許多做過二、三年事業的企業家共事過，他們都不知道毛利率，甚至是財務指標的含意。這現象很普遍。問題是很多持有完美主義、好勝心態或外在認可心智模式的人，都傾向逃避天生不擅長或不懂的事。創業者必須克服這項主觀的天性。了解財務管理不是能夠逃避的事情，不了解財務報表也不用覺得羞恥。其實有許多創意十足

基礎建設和資源需求表

步驟一	步驟二	步驟三	步驟四	步驟五
活動	進行或管理所需技能	內部或外包	我有時間或這些技能嗎？其中有差距嗎？	聘用人員或外包出去？
供應鏈管理：				
來源產品原料	內部	五至七年經營或供應鏈管理	部分，有差距	執行長的重要活動初期，然後招聘
製造	內部			
產品交貨	內部			

品牌管理：				
建立內容、部落格、影片	內部	三至五年品牌管理經驗	沒有，有差距	招聘
活動	內部	內部或外包	沒有，有差距	招聘
建立通路：				
取得通路：零售商、批發、網站	內部	五至七年業務發展	有，無差距	執行長的重要活動
管理通路關係	內部	五至七年合夥關係開發和關係管理	有，無差距	執行長的重要活動
日常營運：				

辦公室管理	內部	三至五年的小企業辦公室管理經驗	沒有，有差距	活動
顧客關係管理，諮詢，客訴	內部	內部或外包	沒有，有差距	聘用人員或外包出去？
財務管理：				
建立收集財務資料流程，製作財務報告，管理應付帳款和應收帳款	外包	五至十年與產業新興企業合作	沒有，有差距	執行長的重要活動初期，然後招聘
財務報告分析和持續監督公司的財務狀況	內部	五至十年與新興企業和剛起步的企業合作	沒有，有差距	聘用執行長的重要活動

法律事項：				
檢視合夥事業和外包契約	外包	五至十年與新興企業合作	沒有，有差距	外包
建立聘用合約活動	內部	內部或外包	沒有，有差距	招聘
建立通路：				
取得通路：零售商、批發、網站	內部	五至七年業務發展	有，無差距	執行長的重要活動
管理通路關係	內部	五至七年合夥關係開發和關係管理	有，無差距	執行長的重要活動
日常營運：				

的人，儘管沒有理財天分，卻能夠設計出創新的問題解決方案。相反地，許多財務分析師類型天生缺乏創意。但既然財務如此重要，創業家還是得找一位重要的小組成員，定期進行這項分析並協助創業家了解該事業如何獲利，即使他們不會做報表。很多創業家可能會將數據輸入外包給記帳人員處理，這個人會建立 QuickBooks 會計軟體或類似輸入財務交易的軟體。然而，事情完成以後，創業家最終應該要學習數字代表的含意。

大體而言，創業家必須了解商業模式能否獲利。根本問題在於產品或服務的價格，包含生產或運送產品或服務的成本，以及提供額外開銷之後還要有利潤可圖的數字，這樣的價格有足夠的顧客願意買單嗎？創業者必須了解公司如何和何時會產生營利，以及需要多少錢維持運作而不虧損。很多創業家認為他們可以開展事業，然後一二個月之內開始賺錢。這是很少見的情況。以下是幫助創業者思考商業經濟學時變得更客觀的工具。

定價

創業家必須保持客觀面對產品或服務的定價。因為這方面有很多風險，我看過很多創業者陷入因恐懼而興起的想法：如果他們不願意投入更多錢來賺錢怎麼辦？如果我必須回頭找製造商協商降低產品成本，但製造商不願意怎麼辦？我很喜歡目前的包裝，真的很適合產品，但如果我必須找便宜一點的包裝怎麼辦？

因為各種顯而易見的理由，很多人似乎為此問題痛苦不已。在發現商業模式的這個時刻，這不再是發現的問題：這是賺錢的問題。重點是創業家習慣假設定價問題。利用數學模式確認收支平衡的條件，然後假設顧客會負擔這筆費用還不夠。他們必須確認主要的目標客戶有多願意基於產品的獨特價值訴求，購買其產品或服務。此外，唯一的致勝之道是和更多顧客溝通。有些創業者利用顧客問卷調查取得各種定價模式的意見，但他們發現這並非真實的測試。有時候問卷也不夠客觀，因為受訪者說他們會花多少錢買產品和他們實際上購買時會花多少錢，通常中間會有落差。

希望我說到目前為止，各位創業家喜歡和顧客溝通，樂意再回頭進行更多有關MVP的顧客訪談。如我們先前討論過的內容，重點是你要確認自己的偏好、自己的假想和一開始的期望，然後建立假設進行測試。你也應該評估之前對於MVP的反應強度和主要顧客的經濟狀況。一旦你建立了合理的測試假設，在所有客戶群中至少再找十名客戶，給他們三種不同的定價：由最高開始到最低，觀察他們的反應。

獲利率

經過討論之後，我們了解商業模式的獲利是關鍵重點。要決定事業的可行性，創業家必須基於顧客購買意願和生產成本預測產品的毛利率。毛利率等於營業額減掉貨物售出成本。創業人必須察覺這項評估一開始會產生誤解，也不是商業模式財務可行性的長期真正面貌。問題在於許多創業家事業剛起步時生產的產品數量有限，但是製造商要求更高的最少訂購量。我經常看見創業家被迫另外投資很多錢製造產品，也許是百分之十五或更多。或者如果他們有現金的話，他們被迫要訂購更多數量，最後留下大批庫存。根據不同的業務性質，可能造成財務資源的極大損耗。

最客觀處理這問題的方法是培養不只一種生產資源，了解訂購數量／成本機會，但即便如此，創業者還是無法得知需求何時會增加到可以下更多的訂單。我建議基於產品的最高成本計算毛利率，如果這筆生意看起來還是有利可圖，我會視為可行。

創業成本

許多創業家向來低估事業運作的實際成本。他們必須回到基礎設施和資源表，分辨主要活動和取得客戶和獲利所需的相關費用。有些創業人士需要初期庫存；有些需要電子商務網站。有些需要辦公室科技，有些需要其他設備。我們在巴布森學會經常說的最實用準則是最後再想現金。如果有機會不用現金即可取得所需資源，這一定是最好的辦法。創業者初期營運時必須很小氣和敏銳。關鍵在於詳細列出清單。回到基礎設施和資源表，得出每項確認資源的實際估價。比方說，如果是外部供應商，開始協商成本和付款條件。如果是實體資源，至少和同行的二至三家供應商協商。如果你無法支付合理的薪水，轉個彎思考提供股份或其他獎勵如業績獎金等等。這裡的重點是計算你需要多少錢執行自己發現的可擴展商業模式。

營運成本和運作資金

這點很重要。創業家必須了解他們需要多少錢維持營運收支平衡。如我們之前所學，客觀意味著處理「事物本質／真相。」估計運作資金需求時，創業者不知道要花多久時間才能獲利。因此很難得到新興公司收支平衡的平均時間客觀數據。這其中變數太多了。最好的辦法是注意自己的資金消耗速度，每個月平均的營運費用。此外，回到自己的基礎設施和資源需求表各個元素，詳細列出每個月需要維持營運所產生的費用。包括辦公室支出、薪資、行銷等等。只要你知道自己的資金消耗速度，換句話說就是每個月的營運費用，你就能夠算出淨利這項衡量財務能力的重要因素。

從財務需求觀點來看，既然你只能預測而無法真正知道你何時能夠協商更好的生產條件，或何時能收支平衡，最好的準則就是根據你的商業模式，假設你需要負擔一段特定時期的資金耗損率。你的財務需求，你需要募集多少錢執行自己的商業模式，就是你的創業成本加上一段時間的營運費用。

有趣的是，二〇一二年全球創業觀察美國報告認為，超過「百分之四十三的美國人認為二〇一二年有很多創業的好機會。而百分之五十六的成人認為他們有創業的實力。但三分之一看到機會的人受制於害怕失敗的恐懼。」[6]我希望藉由破除創業的迷思和擺脫有害於創業者的無用心智模式，我們可以掙脫這個限制。

既然你具備了創業過程的新知識和學到如何管理的客觀方法，或許你更有能力掌握自己的本質、你所知的事物和所認識的人，進而發現能夠永續發展、為自己和他人創造價值的機會。

11

後記：你和看見事情本質的力量

你確實比你想的還有力量！
你只受限於你所相信的自己。

我希望你能了解，個人的思想遠比你所能想像的還有力量。你不必再受害於自己的想法、自己的心情、自己當下的狀況或自己的過去。在每個當下，身為主體的你，能夠察覺自己在想什麼和感覺如何，然後選擇如何看待和回應所經歷的一切。你看待和體驗世界的方式基於自己的心智模式，也就是對自己和世界根深蒂固的看法。因此，你的世界在你的腦海裡！儘管你沒有選擇關於自己的其他事——你的性別、膚色、父母等等——**你有能力創造自己的真實，也就是你對世界的看法、反應和體驗**。與其透過扭曲的心智模式觀看和回應這個世界，你還不如善用看見事物本質的力量，創造更好的生活。我們都有這個能力。

一旦你開始了這個過程，找到不再適用的心智模式和看見它對你生活的影響，通常會產生一種喜悅感。這種喜悅來自於領悟到你不再需要透過那種觀點過日子，你有力量改變它。

學習保持客觀是自我探索的旅程——自我察覺、隨時刻意的努力和自我反省的持續過程。因此當你投入成為更客觀領導者的過程，表揚自己完成的每一件小事，每天進行的小步驟。每次你表現得更客觀，生活會變得更不同。舉例來說，如果你學著更用心處於當下，表揚每次開會時逮到自己在腦海中製作微電影的時刻。即便你每天只能增加百分之五的靜觀能力，你還是會驚喜發現自己變得更專心和更有效率。每次你選擇不相信負面思考和不容許它無限延伸時，你就在提升整體的健康和幸福。每次你決定不再針對個人，而是處理當下事物時，你會改善和同事的關係。每次你不會翻白眼和批判某人說出你認為很愚蠢的話，你能促進更好的團隊合作。更高的客觀性製造更好的生活各面向成果。

相反地，如果你發現幾次私下表揚後，有時你還是會對某事過度反應，或是在你知道不應該的時候批評他人的看法，這時候不要責怪自己。在轉換心智模式的過程中，善待自己也很重要。請切記，你的舊有反應方式很頑強，需要時間、耐性和專注力轉移。每次你對自己失去耐心和對自己的反應很失望時，你最後反而會加強正要努力解除的舊有連結。你不可以因為自己的想法捉狂。相反地，試著從中得到樂趣。當你發現自己在做平常所做的事，請一笑置之，承認這是天生的想法，你總有一天會達到想要的改變。你是主體。你絕對有力量改變自己的想法！

我們可能會對自己太嚴厲，即便在學習變得更客觀的時候。不要太苛待自己，將此看做是一個機會，藉此了解自己的觸發點，如此你可以下次避免這種反應。切記疲倦、截止日期的壓力和其他壓力可能會轉移你當下保持客觀的能力。所以當你知道自己很疲累或緊張時，設法更警覺和意識到自己的觸發點，如此你不會做出讓自己後悔莫及的反應。你的反應和你的目標一致時要鼓勵自己，並且要從不一致的反應中學習。

最後，不要低估自己對於自我信仰的力量，以及他們影響你生活各方面的能力。儘管你時刻努力更客觀反應，有一點很重要，你要學習對自己客觀一點，也就是看待和接受原本的自己。

你確實比你想的還有力量！你只受限於你所相信的自己。你是主體。如果你相信並告訴自己無法達到某件事情，那麼你會限制自己的能力完成它。我力勸你要確認和挑戰對自己的潛在假設，創造新的模式幫助你發揮全部的潛能。CNN報導前美國國務卿希拉蕊（Hillary Clinton）在二〇一四年六月的市政會議上說：「你認為自己是什麼，你怎麼對別人說你自己，真的會影響你如何表現自我和實際上的自我。」[1]

我們都有能力改變自己的想法、改變我們對世界的體驗和達到我們的目標。最後還有一點，我們有能力改變世界。由於我們天生主觀的後果持續在全球發酵，顯然此刻正是我們最需要高度客觀的時候。想像各行各業的人如果都學會看待和回應事物本質，世界會變得如何？因為我們都以各種不一定能理解的方式彼此連結和互有關係，多數人反應更客觀、活得更快樂和生活更成功的正面效應，將有助於解決當前世界許多的問題。

這必須由你開始，祝福你一路順利，發現看見事物本質的力量。

各章注釋

第2章

1. 布萊恩（Denis Brian），《天才的聲音：與諾貝爾科學家和其他傑出人物的對話》（The Voice of Genius: Conversations with Nobel Scientists and Other Luminaries）（紐約：Perseus Books，一九九五年），第一二七頁。
2. 波頓（Robert A. Burton），《人，為什麼會自我感覺良好？：大腦神經科學的理性與感性》（On Being Certain: Believing That You Are Right Even When You Are Not）（紐約：St. Martin's Press，二〇〇八年），第一五八至五九頁。

第3章

1. 弗利（Hugh J. Foley）和邁特琳（Margaret W. Matline），《感覺與感知》（Sensation and Perception）（紐澤西州舊達潘：Pearson Higher Education，二〇一〇年），第六至七頁。
2. 同上。
3. 拉馬錢德蘭，《搬弄是非的大腦》（The Tell-Tale Brain, A Neuroscientist's Quest for What Makes Us Human），（紐約：Norton 出版，二〇一一年），第十四頁。
4. 葦卡登，《潛意識與日常生活》（紐約：Spiegel and Grau 出版，二〇一〇年），第十九頁。

5. 洛克（David Rock）和史瓦茲（Jeffrey Schwartz），〈領導力神經科學〉（The Neuroscience of Leadership），《策略＋商業》（Strategy+Business）管理雜誌第四十二期（二〇〇六年夏）：第三頁。

6. 阿曼，《一生都受用的大腦救命手冊》（紐約：Three Rivers Press 出版，一九九八年），第一一一至一一三頁。

7. 葦卡登，《潛意識與日常生活》，第十九頁。

8. 阿曼，《一生都受用的大腦救命手冊》，第八十二頁。

9. 賀伯（Donald Hebb），《行為組織》（The Organization of Behavior）（紐約：Wiley & Sons，一九四九年；紐澤西莫瓦：Lawrence Erlbaum，二〇〇二年），第六十三頁。引述參考 Lawrence Erlbaum 版本。

10. 洛克，〈大腦思維管理〉（Managing with the Brain in Mind），《策略＋商業》管理雜誌第五十六期（二〇〇九年秋）：第七頁。

11. 強生（Homer H. Johnson），〈心智模式和轉化學習：領導發展的關鍵秘訣？〉（Mental Models and Transformative Learning: The Key to Leadership Development?）《人力資源發展季刊》（Human Resource Development Quarterly）第十九期，第一號（二〇〇八年春）：第八十六頁。

12. 蘭格，《用心，讓你看見問題核心》（麻州劍橋：DaCapo Press，一九八九年），第十九至四十一頁。

13. 同上。

14. 同上，第二十二頁。

15. 阿曼，《一生都受用的大腦救命手冊》，第五十六至五十七頁。

16. 凱蒂，《一念之轉：四句話改變你的人生》（紐約：Three Rivers Press，二〇〇二年），第二十三至二十四頁。

17. 韓森和曼度斯，《像佛陀一樣快樂：愛和智慧的大腦奧祕》（加州奧克蘭：New Harbinger，二〇〇九年），第四十一頁。
18. 洛克和史瓦茲，〈領導力神經科學〉，第五頁。
19. 同上，第四頁。
20. 神經哲學，〈直覺的神經學基礎〉（The Neurological Basis of Intuition），二〇〇九年二月九日。http://scienceblogs.com/neurophilosophy/2〇〇9/02/09/the-neurological-basis-of-intuition/.
21. 科學新聞材料，〈直覺背後的大腦〉（The Brains Behind Intuition），《科學》（Science）雜誌，一九九七年二月二十八日，http://news.sciencemag.org/1997/02/brains-behind-intuition。
22. 貝格理，《訓練你的心靈、改變你的大腦》（紐約：Ballantine Books，二〇〇八年）。

第4章

1. 貝克（Aaron T. Beck），《認知療法與情緒障礙》（紐約：New American Library，一九七六年）。
2. 同上。
3. 凱蒂，《一念之轉：四句話改變你的人生》（紐約：Three Rivers Press，二〇〇二年），第二十三至二十四頁。

第5章

1. 卡巴金，《正念減壓初學者手冊》（Mindfulness for Beginners: Reclaiming the Present Mo-

ment—and Your Life)（科羅拉多州路易斯維爾市：Sounds True，一九八九年），第一頁。
2. 同上。
3. 蘭格，《用心，讓你看見問題核心》（麻州劍橋：DaCapo Press，一九八九年），第三十三至三十四頁。
4. 韓森和曼度斯，《像佛陀一樣快樂：愛和智慧的大腦奧祕》（加州奧克蘭：New Harbinger，二〇〇九年），第四十四至四十五頁。
5. 卡巴金，《正念減壓初學者手冊》，第一四八頁。

第6章

1. 強生，〈心智模式和轉化學習：培養領導力的致勝關鍵？〉（Mental Models and Transformative Learning: The Key to Leadership Development?），《人力資源發展季刊》（Human Resource Development Quarterly）第十九期一號（二〇〇八年春），第八十六頁。
2. 庫利和舒伯特，《自我和社會組織》（芝加哥：芝加哥大學出版社，一九九八年），第二十頁。
3. 蘭格，《用心，讓你看見問題核心》（麻省劍橋：DaCapo Press，一九八九年），第三十三至三十四頁。
4. 貝格理，《一生都受用的大腦救命手冊》（紐約：Ballantine Books，二〇〇八年），第一九四頁。
5. 洛克（David Rock）和史瓦茲（Jeffrey Schwartz），〈領導力的神經科學〉（The Neuroscience of Leadership），《策略＋商業》管理雜誌第四十二期（二〇〇六年夏）：第八頁。
6. 薩拉斯瓦蒂，《客觀性瑜珈》（The Yoga Of Objectivity）（印度清奈：Arsha Vidya 研究和出版信託，二〇一〇年）。

7. 布萊恩（D. A. Bryant）和弗里迦得（N. U. Frigaard），〈原核光合作用和光照營養〉（Prokaryotic Photosynthesis and Phototrophy Illuminated），《微生物學趨勢》（Trends in Microbiology）第十四期十一號）二〇〇六年）：第四八八至四八九頁。
8. 同上，第九頁。

第7章

1. 庫珀（Anderson Cooper）和歐布萊恩（Soledad O' Brien），〈讀者：孩童在家學會對於種族的看法〉（Readers: Children Learn Attitudes about Race at Home），《庫柏 360》（Anderson Cooper 360），CNN，二〇一〇年五月二十五日，http://www.cnn.com/2010/US/05/13/doll.study/。
2. 貝納基和格林華德，《好人怎麼會幹壞事？我們不願面對的隱性偏見》（Blind Spot: Hidden Biases of Good People）（紐約：Delacorte Press，二〇一三年），第三至五十二頁。
3. 同上。
4. 同上，第七十頁。
5. 蒙泰斯和馬克（A. Y. Mark），〈自我調整的偏見〉（The Self-Regulation of Prejudice）《刻板印象、偏見和歧視手冊》（Handbook of Stereotyping, Prejudice, and Discrimination），尼爾森（T. D. Nelson）編著（紐約：心理學出版社，二〇〇九年），第三五六頁。

第8章

1. 安德羅，〈微軟鮑爾默的教訓〉（Lessons from Ballmer' s Microsoft）《數據自動化》雜誌，

二〇一四年二月四日，http://www.datamation.com/commentary/lessons-from-ballmers-microsoft.html。

2. 瑞德蒙，〈黑人女教授的『刻薄不刻薄』掙扎〉，《美國高等教育記事報》，二〇一四年五月二十七日，http://chronicle.com/article/A-Black-Female-Professor/146739/? cid=at&utm_source=at&utm_medium=en。

3. 蘭利，〈鮑爾默對鮑爾默：從微軟退場〉（Ballmer on Ballmer: His Exit from Microsoft），《華爾街日報》，二〇一三年十一月十七日。

4. 同上。

5. 同上。

6. 同上。

7. 科特，〈變革領導大考驗：轉型此路不通？〉（Leading Change: Why Transformation Efforts Fail），《哈佛商業評論》（Harvard Business Review），一九九五年三月。

8. 洛克和史瓦茲，〈領導力的神經科學〉，《策略＋商業》（Strategy+Business）管理雜誌第四十二期（二〇〇六年夏）：第五頁。

9. 科特，〈變革領導大考驗：轉型此路不通？〉。

第9章

1. 薩拉斯瓦蒂，《行動導向：創業要素》（麻州北安普敦：Edgar Elgar Publishing，二〇〇八年），第十七頁。

2. 格林伯格（Danna Greenberg）、麥克康－史威特（Kate McKone-Sweet）、威爾森（H. James Wilson）和巴布森教師，《新企業領導人》（The New Entrepreneurial Leader）（舊

金山：Berrett-Koehler，二〇一一年），第三十一頁。

3. 薩拉斯瓦蒂，《行動導向：創業要素》，第十七頁。
4. 同上，第一百八十九頁。
5. 奧斯瓦爾德和比紐赫，《獲利世代：自己動手，畫出你的商業模式》（Business Model Generation）（紐約霍伯肯：John Wiley & Sons，二〇一二年）。
6. 德爾瑞（Jason Delrey），〈軸轉的藝術〉（The Art of the Pivot），《Inc. 雜誌》，二〇一一年二月一日。
7. 薩拉斯瓦蒂，《行動導向：創業要素》，第七十三頁。
8. 布拉許（Candida Brush），梅思肯絲（Moriah Meyskens）、內森（Robert Nason）和巴布森學院，《全球創業觀察麻州二〇一〇年報告》，第十八頁。為了行使正式章程和規範目的，全球創業研究會（GERA）是主持全球創業觀察（GEM）計畫的傘式組織。GERA 由巴布森學院、倫敦商學院和 GEM 國家小組的協會代表組成。http://www.babson.edu/Academics/centers/blank-center/global-research/gem/Documents/gem2010-massachusetts-report.pdf.
9. 薩拉斯瓦蒂，《行動導向：創業要素》，第八十一頁。
10. 侯克，〈多數投資公司失敗的原因〉，《快速企業》雜誌網站，二〇一二年十二月十日。
11. 高爾茲，〈小企業失敗的十大主因〉（Top 10 Reasons Small Businesses Fail），《紐約時報》，二〇一一年一月五日。
12. 凱莉（Donna J. Kelley），阿里（Abdul Ali）、羅哥夫（Edward J. Rogoff）、布拉許、科貝特（Andrew Corbett）、瑪吉布利（Mahdi Majbouri）、赫查瓦利亞（Diana Hechavarria）和巴布森學院，《全球創業觀察美國二〇一二年報告》，第十九頁，http://www.gemconsortium.org/docs/download/2804。

第10章

1. 萊斯，《精實創業：用小實驗做出大事業》（紐約：Crown Business，二〇一一年），第二十二頁。
2. 奧斯瓦爾德和比紐赫，《商業模式世代》（The Business Model Generation）（紐約愛迪生，John Wiley & Sons，二〇一〇年），第十五頁。
3. 布蘭克，〈精實創業改變全世界〉（Why the Lean Start-Up Changes Everything），《哈佛商業評論》，二〇一三年五月，第五頁。
4. 布蘭克和多夫（Bob Dorf），〈如何測試最簡單產品〉（How to Test Your Minimum Viable Product），《Inc. 雜誌》，二〇一二年六月十二日，第二頁。
5. 紐曼，〈如何讓高意識消費者買單〉，《企業家雜誌》，三月二十七日。
6. 凱莉，阿里、、布拉許、科貝特、瑪吉布利、赫查瓦利亞羅哥夫和巴布森學院，《全球創業觀察美國二〇一二年報告》，第六頁。

後記

1. CNN 市政廳，〈希拉蕊．柯林頓的艱難選擇〉（Hillary Clinton’s Hard Choices），二〇一四年六月十七日，講稿記錄，二〇一四年九月五日取得，http://transcripts.cnn.com/TRANSCRIPTS/1406/17/se.01.html。

客觀思考的效率

THE
OBJECTIVE
LEADER

HOW TO LEVERAGE THE POWER OF SEEING THINGS AS THEY ARE
強大領導者如何看見事物本質，減少內隱偏見與過度反應？

THE OBJECTIVE LEADER
HOW TO LEVERAGE THE POWER OF SEEING THINGS AS THEY ARE

Published by arrangement with St. Martin's Press, LLC. through Andrew Nurnberg Associates InternationalLimited.

國家圖書館出版品預行編目 (CIP) 資料

客觀思考的效率：
強大領導者如何看見事物本質，減少內隱偏見與過度反應？
伊麗莎白．桑頓 (Elizabeth Thornton) 著；簡美娟譯
初版／臺北市：大寫出版：大雁文化發行，2017.09，
304 面；15*21 公分．(使用的書 In-Action; HA0067)
譯自：The objective leader : how to leverage the power of seeing things as they are
ISBN 978-986-5695-53-8(平裝)
1. 領導者 2. 職場成功法 494.2 105009778

大寫出版 Briefing Press 使用的書 In Action 書系號 HA0067
著　者—伊麗莎白・桑頓 (Elizabeth Thornton)
譯　者—簡美娟
行銷企畫—郭其彬、王綬晨、陳雅雯、張瓊瑜、余一霞、王涵、汪佳穎
大寫出版—鄭俊平、沈依靜、李明瑾
發 行 人—蘇拾平
地　址—台北市復興北路 333 號 11 樓之 4
電　話—(02) 27182001
傳　真—(02) 27181258
發　行—大雁文化事業股份有限公司
讀者電郵—andbooks@andbooks.com.tw
官方網站—www.andbooks.com.tw
初版一刷—2017 年 09 月
定　價—320 元
ISBN—9789-986-5695-53-8